竹島紀事

죽도기사 2-2

竹島紀事

죽도기사 2-2

권정 | 오오니시 토시테루 편역주

KSI 한국학술정보[주]

HONG-TAE.KIM

竹嶋記事 二

1

竹島記事

二

목차

일러두기

1. 本『죽도기사』는 国立公文書書館内閣文庫 화30889, 함호 178-659를 저본으로 했음.
1. 본서의 번각문은 죽도문제연구회의『죽도문제관조사연구』를 참고로 하여 오오니시 토시테루와 권오엽이 확인과 검토하여 일부는 수정하였음.
1. 본서의 현대일본어역과 주는 오오니시 토시테루의 작업임.
1. 본서의「죽도」가「울릉도」를 의미할 경우는「울릉도」를 병기하지 않는 것을 원칙으로 함. 또 본문 중의「일한」이나「한일」,「일조」,「조일」 등의 표현은 일본과 조선(한국)의 관계를 설명하기 위한 표현일 뿐, 우선권을 인정하는 것은 아님.
1. 고문서와 번각문과 현대일본어를 병기하는 이역이나 보다 좋은 해석이 나올 수 있는 경우를 상정한 구성임.
1. 일본어표기는 원음에 가까운 표기를 위하여 일반적으로 생략하는 장음「이 · 우 · 오」를 살려「東京」은「토우쿄우」로「大阪」은「오오사카」로,「京都」는「쿄우토」로 표기하기로 한다.
1. 「か · き · く · け · こ」는「카 · 키 · 쿠 · 케 · 코」로,「た · ち · つ · て · と」는「타 · 치 · 쓰 · 테 · 토」로,「しゃ · しゅ · しょ」는「샤 · 슈 · 쇼」로,「ちゃ · ちゅ · ちょ」는「챠 · 츄 · 쵸」로 표기한다.

凡例

1, 本『竹嶋記事』は 国立公文書書館内閣文庫、和30889、函号 178-659 を底本にした。

1, 本書の飜刻文は竹島問題研究会の「竹島問題に関する調査研究凡例を参考にして大西俊輝と権五曄が確認検討して、一部は修正した。

1, 本書の現代日本語訳と註は大西俊輝が作業した。

1, 「竹島」が 「欝陵島」をも意味する場合は 「欝陵島」は併記しないことを原則とした。また本文中の 「日韓」や 「韓日」、「日朝」、「朝日」などの表現は両国の表記で、前後に優先権を置くことではない。

1, 古文書と翻刻文と現代日本語を併記することは異訳やより良い解釈が出てくる可能性を想定した構成である。

1, 日本語の韓国語表記は原音に近い表記を期待して一般的に省略する長音 「い・う・お」を生かして 「東京」は 「토우쿄우」に、「大阪」は 「오오사카」に、「京都」は 「쿄우토」に表記することにした。

1, 「か・き・く・け・こ」は「카・키・쿠・케・코」に、「た・ち・つ・て・と」は「타・치・쓰・테・토」に、「しゃ・しゅ・しょ」は「샤・슈・쇼」に、「ちゃ・ちゅ・ちょ」は「챠・츄・쵸」に表記する。

○同七年九月廿伐河原ニ並居之御廟ニ作付
天就院公傳書ニ鼓與左衛門ニ仰付也

【大綱二五段(元祿七年九月③)】

(25-00)

○ 同七年九月御使河内益右衛門渡海被仰付 天竜院公御意之趣与左衛門方江被仰越也

【大綱二五段(元祿七年九月③)】

(25-00)

○ 同七年九月、御使者として河内益右衛門が渡海を命じられ、天竜院公(宗義真)の御考えの趣旨を、与左衛門へ申し伝えた。

【대강 25단(원록 7년 9월③)】

(25-00)

○ 동 7(1694)년 9월, 카와치 마스에몬은 사자가 되어 도해할 것을 명 받아, 텐류우인공(소우 요시자네)이 생각하는 취지를 요자에몬에게 전했다.

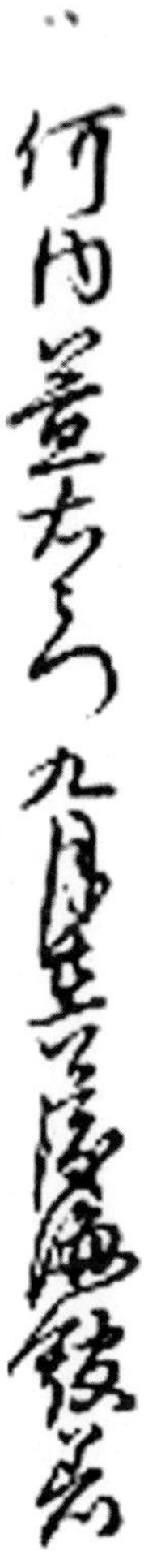

(25-01)

〃河内益右衛門九月廿六日渡海館着

(25-01)

〃河内益右衛門が九月二十六日に渡海し、草梁和館に着いた。

(25-01)

〃카와치마스에몬이 9월 26일에 도해하여, 초량화관에 도착했다.

一 其方之事ニ付候ハ、何も無之様ニ存候、
申候

(25-02)

〃与左衛門方江被仰渡候御意之趣書付左ニ記之

(25-02)

〃与左衛門方へ伝えられた [御隠居様の] 御考えの趣旨について、
その書き付けを左に記す。

(25-02)

〃요자에몬에게 전한 [은거하신 분이] 생각하는 취지를 기록한, 그 서부를 아래에 기록한다.

覚

一　蔚陵嶋之一件ニ付而御尋候ニ付其上
前以被申含候趣も相違仕候処
難儀之段様々有之候由中々古来ゟ例も無之
法外之仕方無礼千万之儀ニ御座候
難申上候　御公儀様江申上候得共
御隣交之誼以而も　朝鮮向ニ被申勧

覚

一、蔚陵嶋之一件段々不埒成首尾にて其上前以彼方より申越趣も相違仕今度御返翰之渡様請答之申分古来より例も無之法外之仕方不礼千万之体偏御合点難被遊候　御隠居様御事貴様御存知之通　御隠居被遊候而も弥朝鮮向之儀者御勤

覚

一、蔚陵嶋の一件は、段々と不埒な首尾に陥っている。その上、前回 [の返翰で] あちらが申し入れていた趣旨も、もう [今回の返翰では、それとは大いに]相違する事態になっている。この度、御返翰を差し渡して来た [伝達形式の] 件も、その請け答えを申す分を見れば、古来、例も無いような、法外の仕方であり、不礼千万の体である。このため [御隠居様は] 決して合点なさって居られない。御隠居様の御気性は、貴殿も御存知の通り、御隠居なさって居られても、朝鮮向きの事については、常に [御気に掛けられ] 御勤めを

각

1. 울릉도 일건은 점점 불리한 상황에 빠지고 있다. 게다가 전회[의 서간으로] 저쪽이 요구했던 취지도, [이번의 반한에서는 그것과 크게] 다른 사태가 되었다. 이번에 반한을 건네준 [전달형식의] 건도 그 응답 내용을 보면, 고래로 예가 없을 것 같은 법에 없는 방법으로 무례하기 짝이 없다. 이 때문에 [은거하신 분은] 결코 납득하지 못하고 계신다. 은거하신 분의 성격은 귀하도 아시는

바와 같이, 은거하고 계셔도 조선에 관한 일에 대해서는, 항상 [관심을 가지고] 관계하지

不申候得共不計其意ニ存候 公儀も其段
其意ニ而御伺上意候 御処去年分以来急度之
殿様ゟ右之一件ニ付御前後之儀
御存知無之旨を 御座候 公儀御聞
不申候儀を延引之段又を以申可
御熟筆ヲ以 不申付候ニ筆ニ而ゟ
御誠實之 可申候儀ニ御座候處

不被成候而不叶首尾ニ候尤　公儀ニも其御首尾ニ被仰上置候然処去年より御在国ニ而 殿様より右之一件被仰渡候前後之儀御存知無之筈ニ無御座候　公儀江御伺可被成儀を御延引被成又者御差図可被遊事を御気も不被付候而者事ニより御越度ニ茂可罷成儀ニ御座候両国通用

成されないと叶わぬような状況にある。尤も公儀からも、その御首尾に就くようにと、御要請さえあった。そのような処に、去年から御在国であったから [この一件に関しては、よく承知しておられる。] 殿様(宗義倫)から右の一件の御連絡があっても、その前後の事情については「すでに御承知で、このような不埒な首尾に陥っている事を、黙ってはおられるが」御存知の無い筈は無い。だから公儀へ御伺いするべき事を御延引に成ったり、又、御差図なさるべき事を気付かずに放置しておかれるようなことがあったりしては [結局、指導監督なさる御隠居様の] 落ち度と成ってしまう。だからと言って、両国通用

않을 수 없는 상황이다. 더욱이 장군으로부터도, 그 일에 관여하도록 요청까지 있었다. 그러한 상황에서, 작년부터 재국하고 있었으므로 [이 일건에 대해서는 잘 알고 계신다.] 토노사마(소우 요시토모)가 위의 일건에 대한 연락을 해도, 그 전후 사정에 대해서는 [이미 알고, 이처럼 불리한 상황에 빠져 있는 것을, 아무 말도 안 하고 계시지만] 모를 리가 없다. 그러므로 장군에게 여쭈어야 하는 것을 연기하거나, 또 지시해야 하는 일을 모르고 방치해두거나 하는 일이 있어서는 [결국 지도, 감독하시는 은거하신 분의] 잘못이 되고 만다. 그렇다 해서, 양국 통사

し候ニ付一分ニ而掛り於議定候ニ而も
無之候ニ付朝鮮ニ而通信御隔
御家ニ而代々之ニ而勤役ニ而相勤今般之様ニ
先例無之儀を仕形仕候而も返答ニ
請候ニ付末代之定例ニ可相成
成候ニ付御家 御為ニ候得ハ條約之儀
さへ右之仕方ニ而ハ甚以不及申事ニ候

之儀者御身御一分ニ御掛り被成たる儀ニ而も無之至而ニ永々ニ一日本朝鮮之御通信勿論御家御代々之御勤役ニ候得者今度之様ニ先例無之法外之仕形仕候而も御返簡抔請取候而者末代之定例ニ可罷成候公儀之被蒙御意被仰渡候参判之使者さへ右之仕方にてハ其余者不及申事ニ候

の御役目は[御隠居様]御自身の[そのお考えの]一切に掛かっているというわけのものではない。[もとより殿様が居られ、その体制下に家臣たちが]永々と無事を勤め、今ここに至るまでの[対馬府中藩の藩としての御役目が]ある。日本と朝鮮との御通信は勿論のこと、御家の御代々様が[これまで]御勤め役として果たして来られた、その御働きにも拠る。だから今度の様に先例も無いような法外な仕形を仕り[不埒な]御返翰などを請け取っては、末代までも続く定例に成ってしまう。公儀の御意を蒙り、その仰せに従って渡海した参判の使者さえ、このような仕方で[扱われ、そのような返翰がこちらに戻って来るならば]其の他、残余の類は、言うまでも無い事である。

의 역할은 [은거하신 분] 자신의 [그 생각] 여하에 달려 있는 것도 아니다. [원래 토노사마가 계시고, 그 체제하에 가신들이] 오랫동안 문제없이 근무하며, 지금에 이르기까지 [쓰시마후츄우한의 한으로서의 역할이] 있다. 일본과 조선의 통신은 물론이고, 집안 대대로 [지금까지] 근무하는 역할을 수행해오신, 그 공도 있다. 그러므로 이번처럼 선례가 없는 불합리한 일을 담당하여 [발칙한] 반한 따위를 수취해서는 말대까지 지속되는 정례가 되고 만다. 장군의 뜻을 받들어, 그 명에 따라 도해한 참판의 사자조차, 이 같은 방법으로 [취급되어 그러한 반한이 이쪽으로 되돌아오게 된다면] 그 외의, 다른 류의 일은 말 할 필요도 없는 일이다.

申来候　縦令異筆ニ被仕候而成とも
不遠先之能大方ニ礼儀を相調申度候
雅俗筆ニ而自分上下肯一ヶ返答為ニ寄と
清濁之義ニ不残候而も文章文字
も少用ニ而入之名然者ニ相叶事ニ候
甚以寫相候而筆之例ニ候間決而書付
無理之申ニ而も無之候　乍憚ニ様然候

御手前儀仮令幾年在館仕候而成とも不違先規大方之礼儀を相調不申候而者帰国難成事ニ被思召上候第一御返簡之写を請取爰元江不差渡候而者文章文字尤御用之出入之善悪曾而不相極事ニ候其上写相渡候事先例ニ而候得者此方より無理を申ニ而も無之候無方ニ接慰官

貴殿の事については、たとえ幾年の在館を仕っても、先規に違わず、大方の礼儀を調えた[御返翰となるよう、そのような]交渉を[この度も]行わなければならない。そうでなければ帰国は成り難い。そのように[御隠居様は]お考えになっておられる。第一、御返翰の写しを請け取り、こちらへ差し渡さなければ、その文章や文字は言うに及ばず、御用の出入りの善悪など、全ての事が決定できない。その上、写しが渡って来る事は[以前から続いて来た、長い間の]先例があり、こちらから無理を[通して]申し出るようなことでは無い。無法に接慰官が[交渉の現場から]

귀하의 일에 대해서는, 가령 몇 년 재관한다 하더라도, 과거의 규칙에 벗어나지 않는, 대체로 예를 차린 [반한이 되도록, 그 같은] 교섭을 [이번에도] 하지 않으면 안 된다. 그렇지 않으면 귀국하기 어렵다. 그렇게 [은거하신 분은] 생각하고 계신다. 제일 먼저 반한의 사본을 청해 받아, 이쪽으로 보내지 않으면, 그 문장이나 문자는 말할 것도 없이, 용건이 진행되는 선악 등, 모든 것을 결정할 수 없다. 그리고 사본을 건네주는 일은 [이전부터 지속되어 온, 오랫동안의] 선례로, 이쪽에서 무리[하게] 요구하는 것이 아니다. 무법으로 접위관이 [교섭 현장에서]

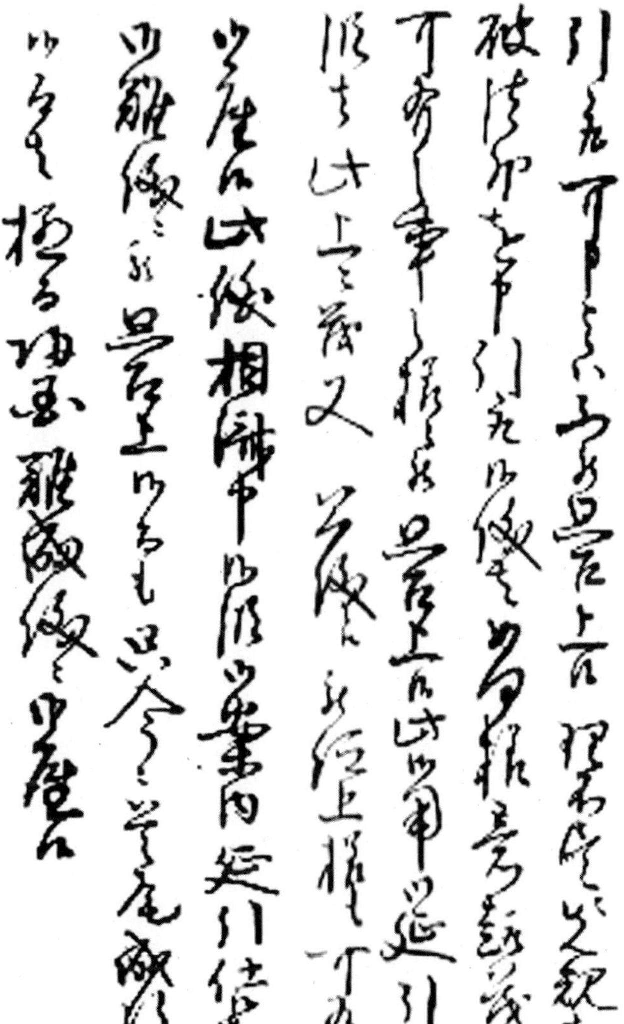

引取可申与ハ不被思召上候理不尽ニ先規を破法外を申引取候儀者如何様意趣茂可有之事之様ニ被思召上候此御用御延引之段者此上ニ茂又公儀江被仰上様も可有御座候此儀相済申候段御案内延引仕候を御難儀ニ被思召上候而も只今之首尾成行候而者極而帰国難成儀ニ御座候

引き揚げてしまうなどとは[こちらにとって見れば、およそ]考えられない事態である。理不尽に先規の例を破り、法外を申して引き揚げるような事は、いったい如何様な理由が有るからであろうか。[このように御隠居様は]お考えになっておられる。この[竹嶋一件についての]御用が[今後もなお]御延引となれば、この上にも又[色々と]公儀へ[困難な事情を]御報告しなければならない。この事が相済んだと[そのように早く公儀へ]御報告をしたいのであるが[残念ながら]まだ延引のままで[進展は無い。]その事を[御隠居様は]御難儀に思っておられる。只今の首尾、成り行きでは[交渉というようなものではない。その務めを果たしていないということなので]極めて[貴殿の]帰国は成り難い事である。

철수해버리는 일 등은 [이쪽 입장에서 보면, 도저히] 생각할 수 없는 사태이다. 도리에 맞지 않게 선례를 깨고, 핑개를 대고 철수하는 일은, 도대체 어떤 연유에서인가. [이렇게 은거하신 분은] 생각하고 계신다. 이 [죽도일건에 대한] 용무가 [금후 더] 연기되게 되면, 이 외에도 또 [여러 가지로] 장군에게 [곤란한 사정을] 보고하지 않으면 안 된다. 이 일이 끝났다고 [그렇게 빨리 장군에게] 보고하고 싶은데, [유감스럽게도] 아직 지체된 채로 [진전이 없다.] 이 일을 [은거하신 분은] 곤란하게 생각하고 계신다. 지금의 상황, 진행으로는 [교섭이라고 말할 것이 못 된다. 그 역할을 수행하지 않았기 때문에] 지극히 [귀하가] 귀국하는 일은 어려운 일이다.

一 夜ニ入候而訳官ゟ越之甚之分ゟ越候

双方之口入相違ニ而訳官ゟ式候故

聞届之處思召候ニ付委細可申上候

一、爰元より被仰渡候趣与其元より被申越候儀双方之心入相違ニ罷成候此段被聞召上度思召候間委細可被申上候

一、こちらから申し渡した趣旨と、そちらから申し伝えて来た事と、双方の考える処は相違している。その相違ある所を[御隠居様は更に]聞きたいと[貴殿を]召し出したいお考えがある。それゆえ委細を[予め書状を以て]申し上げておくべきであろう。

1. 이쪽에서 요구한 취지와 그쪽이 전해온 것과, 쌍방이 생각하는 것에 상위가 있다. 그 상위한 곳을 [은거하신 분은 다시] 듣고 싶다며 [귀하를] 부르고 싶다는 생각이 있으시다. 그러하니 자세한 것을 [미리 서장으로] 아뢰어 두어야 할 것이다.

一 御隠居様ゟ茂三之丞ニ御逢被成
候ニ雑用之時之御紙面ニ而被遣候而御用
宜敷御心得被成候而も申上置候様ニ与存候
右之趣不届様ニ而可申上候
御意候間之儀之候御傳之候年寄中可然
様被成御心得 以上

九月廿三日

加納幸之助
杉村頼母
樋口 繁貞

多田與左衛門殿

一、御隠居様より若其元江御通用不被成候而難叶時者御存知之通御送使之御銅印有之候為御心得此段も申遣候様ニ与之御事候
右之段私共方より可申遣旨　御意如此御座候委細者御年寄中より可被仰越候　以上

九月廿三日　　加納幸之助
杉村　頼母
樋口　靭負

多田与左衛門殿

一、御隠居様から[の御伝言である。]もしも貴殿が[朝鮮との間の]御通用が[接慰官が居なくなって]できず[諸事]叶い難い時は、御存知の通り御送使[を派遣する際]の御銅印<註 1>が有る。よく御考えになって[これを朝鮮向けの書簡に用い、交渉に当たって]貰いたい。この事も申し遣わす様にと[御隠居様から]の御配慮があった。右に示した事は、私共の方から[貴殿に]申し遣わすべきであると、そのような御意であった。委細は御年寄中から、また連絡があるであろう。以上

九月廿三日　　加納幸之助
杉村頼母
樋口靭負

多田与左衛門殿

1. 은거하신 분의 [전언이다.] 혹시라도 귀하가 [조선과의 사이에서 하는] 교섭이 [접위관이 없어져] 불가능해져 [모든 일을] 이루기

어려울 때는, 알고 계시듯이 송사[를 파견할 때 사용하는] 동인이 있다. 잘 생각하시고 [이것을 조선에 보내는 서간에 사용하여, 교섭에] 임했으면 한다. 이 일도 전하라는 [은거하신 분의] 배려가 있었다. 위에서 말한 것은, 우리들 쪽에서 [귀하에게] 전해야 한다는, 그러한 뜻이었다. 자세한 것은 가로 중에서, 또 연락할 것이다. 이상.

9월 23일

카노우 코우노스케

스기무라 타노모

히구치 유키에

타다 요자에몬 토노

覚

一 御返簡下ニ御望之事 接慰官并朴僉知

朴僉知を以而御断被成候ニも無御方

御用意申達 其上ニて被成可被下処封々

修補し申 候而 趣向し 候ニ付 候得とも

不掛御目 御書面之趣申 御座 御付一ッ流

返答被下 語可被成候

(25-03)

覚

一、御返簡下候由ニ而接慰官方より朴同知朴僉知を以為御披見為持申候尤前方御内意申達其上之儀ニ可仕之処封之侭渡シ申様ニ与都より之差図ニ付下書をも不掛御目本書為持申候由申越候付一々御返答之趣承届候

(25-03)

覚<註2>

一、御返翰が下ったとのこと[を承った。]接慰官方から、朴同知、朴僉知を以て[貴殿への]御披見のため[その御返翰を]持ち参ったようである。尤も[これまでのように先ず下書きを示し]あちら側の御内意を[こちら側に]申し伝え、その上で[こちらの意見をも申し述べ、その後、本書が下る手筈に]なる処を[今回は、そうではなかった。]封のままで[直接に本書が]差し渡されて来た。このような形で渡す様にと、都からの差図があり、下書きをも御目に掛けず[直接]本書を持参してきたとの由である。そのような[あちらからの]申し越しに対し、その一つ一つについて[貴殿が反論し]御返答なさった事を承った。

(25-03)

각

1. 반한이 내려왔다는 것[을 들었다.] 접위관이 박동지, 박첨지를 통해 [귀하를] 만나기 위해 [그 반한을] 가지고 찾아간 것 같다.

원래 [지금까지와 마찬가지로 먼저 초안을 보여] 저쪽의 의도를 [이쪽에] 전하고, 그런 후에 [이쪽의 의견도 말하고, 그 후에 본서를 보내야] 하는데, [이번에는 그렇지 않았다.] 봉한 채 [직접 본서를] 보내왔다. 이 같은 형식으로 전하라는, 도성의 지시가 있어, 초안도 보이지 않고 [직접] 본서를 지참해 왔다는 것이다. 그러한 [저쪽의] 연락에 대해 일일이 [귀하가 반론하여] 반답하셨다는 것을 들었다.

一　御内意之趣得可申段申上候様ニ付而彼方ゟ
申候ニ付御内意之趣得御意[illegible]之一ハ
御国法ニハ右之通拙者共ゟ申入候ハ
一向仕様も無御座候 返答被申候ニ付而請ニ相
可成儀ニ候故 東萊ニ返答被申請候処
申上候様ニ可被成候 御返答ニ可申付候
差出申候 尤使者ニ候ハヽ返答之出来候
添両使ニ相添[illegible]

一、不時之接待可被致由被申越候付而彼方より申候者不時之接待之儀都より差図無之候へハ不罷成国法ニ候右之次第都より之差図ニ候へハ可仕様も無御座候返簡渡申候而被請取間敷与有之者東莱江返簡渡置接慰官首訳共ニ急度引取候様ニ堅申来候付近日中帰京仕覚悟ニ候与之返答之由依之弥面談ニ而不被申達候而者不罷成候不時之

一、臨時の会談を致すべきと[こちらが]申し入れたことに付いて、あちらからの返答は、臨時の会談といった事は、都からの差図がなくては出来ないことで、罷り成らぬ国法であると言う。右のような[命令の]次第で、これは都からの[厳重な]差図であり、どうしようも無いことだと言う。[そして、そのような途方もない]返翰を[こちらへ]差し渡して来た。だがこれを受け取ることは[到底]出来ないことである。それゆえ東莱府へ返翰を[差し戻す形にして]渡し置き、接慰官や首訳共に[この返翰を]必ず引き取る様にと堅く申し伝えた。[だが接慰官や首訳共は、もう返翰はお渡ししたので]近日中に帰京する覚悟であるという。そのような返答であった。このような事情に依り、いよいよ[帰京の前に、彼らと]面談を行い[何としても不同意である旨の]申し伝えを行わなくては成らなくなった。だが不定期の

1. 임시회담을 해야 한다고 [이쪽이] 요구한 것에 대해, 저쪽의 반답은, 임시회담이라는 것은, 도성의 지시없이는 할 수 없는 것으로, 어떻게 할 수 없는 국법이라고 한다. 위와 같은 [명령]으로,

이는 도성의 [엄중한] 지시로, 어떻게 할 수 없는 일이라 한다. [그리고 그러한 터무니없는] 반한을 [이쪽에] 보내왔다. 그러나 이것을 수취하는 일은 [도저히] 할 수 없는 일이다. 그렇기 때문에 동래부에 반한을 [되돌려 주는 형태로] 건네주고, 접위관과 수역들에게 [이 반한을] 반드시 받도록 강하게 전했다. [그러나 접위관이나 수역들은, 이미 반한을 건넸기 때문에] 근일 중 귀경할 각오라고 한다. 그와 같은 반답이었다. 이와 같은 사정으로, [귀경하기 전에 그들과] 면담하여 [어떻게든 동의하지 않는다는 뜻을] 전하지 않으면 안 되게 되었다. 그러나 부정기의

掛候ニ依而西法ニ而相合候得共世上ニ而ハ存候
難成ニ付東萊府より誠何之通ニも不相
叶目ニ付ハ不宜相済候ニ付使者を掛合候而延留
之事務織面ニ而甚以上而相成候様ニ而作掛候得共
一 右之返答之事ニ付入念申合候處仕方ニ
御座候様意官引合申候彼是議論
御用之儀及大事ニ候處申来委細承候ニ
付候非様ニ其平来送入御披見候

接待之儀国法ニ而都より差図無之候而者難成候ハヽ東莱迄被罷越何之道ニも不掛御目候へハ不相済事ニ候由被申掛置候返簡為事替紙面ニ而此上如何様ニ被仰掛候とも一言御返答不申取合申間敷与之仕方ニ御座候接慰官引取申候儀者致決定候御用之儀及大事候由御書中委細承届候御隠居様ニ茂早速入御披見候

会談は、国法によって都からの差図が無くては成り難い事であると言う。そこで東莱府まで罷り越し、どのような方法を使ってでも[接慰官に]御目に掛からなければ済まぬ事と、そのように[あちらに]申し掛けた。[するとあちらは]この返翰は[すでに記載の]事項を替えさせてしまった紙面であり、この上はどのような申し入れがあろうと、一言も御返答[の文言の変更について]は取り合わない。[もう、そのような変更の要求を]申してくれるなと、そのような[断固とした返答の]仕方であった。接慰官が[都へ]引き揚げることは、決定してしまったことであり、この御用の事は[もう終了してしまった。それを敢えて蒸し返し、異議を唱えれば、事は]大事に及んでしまうと[いう。以上のように記した貴殿からの]御書翰の委細をいただいた。御隠居様にも早速[この内容を報告し、貴殿の御書状を直接]お目に掛けることにした。

회담은, 국법으로 도성의 지시없이는 이루어지기 힘들다고 한다. 그래서 동래부까지 가서, 어떤 방법을 써서라도 [접위관을] 만나지 않으면 안 된다고, 그렇게 [저쪽에] 말했다. [그러자 저쪽은] 이 반한은 [이미 기재]사항을 변경한 지면으로, 더 이상 어떠한 요구가 있다 해도,

한마디도 반답[의 문언에 대한 변경]은 취급하지 않는다. [다시는, 그러한 변경요구를] 하지 말라고, 그렇게 [단호하게 반답]하는 것이었다. 접위관이 [도성으로] 철수하는 것은 결정된 일로, 이 용건은 [이미 종료되고 말았다. 그것을 다시 끄집어내 이의를 제기하면, 일은] 커지게 된다고 [한다. 이상과 같이 기록한 귀하의] 서한을 잘 받았다. 은거하신 분에게도 서둘러 [이 내용을 보고하여, 귀하의 서한을 직접] 보여 드리기로 했다.

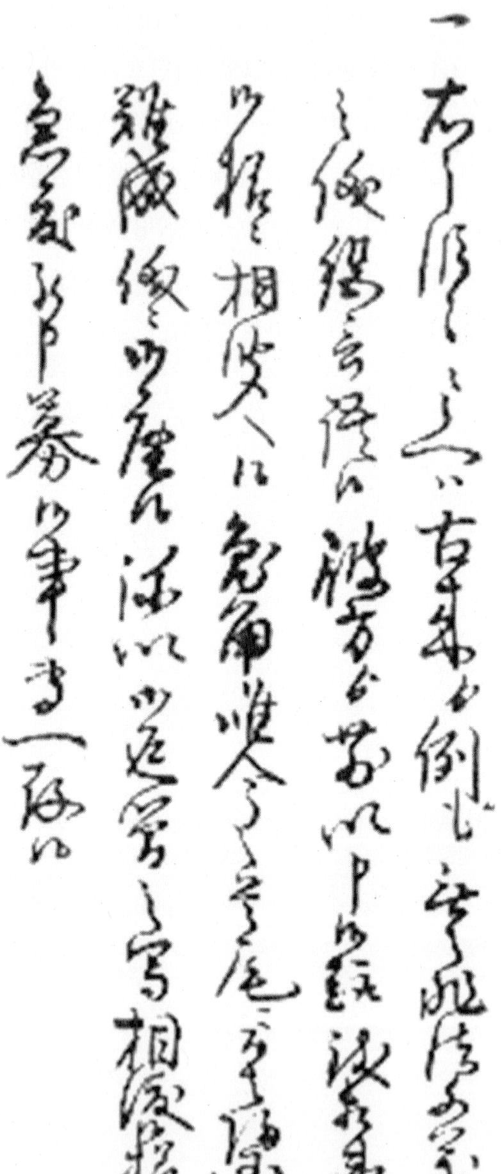

一、右之段々ニ候へハ古来より例も無之非法千万之儀絶言語候彼方より前以申候趣致相違候様ニ相聞へ候兔角唯今之首尾ニ而者帰国難成儀ニ御座候弥以御返簡之写相渡候様ニ急度被申募候事第一存候

一、右のような事情であるので、古くからの例も無いような非法千万の事[が起こったと言わざるを得ない。これは]言語に絶する事である。あちらが以前申していた趣旨と[今回の趣旨とは、大いに]相違している。[すなわち交渉における主張が首尾一貫していない]様に思われる。兔も角も、唯今の首尾では[交渉が妥結に至る筈は無い。貴殿の]御帰国は成り難いことである。いよいよ御返翰の写しを[こちらに]お渡しに成られるよう[あちらに]しっかりと申し掛けを行うように成されたい。それが貴殿のなすべき第一のことと思われる。

1. 위와 같은 사정이기 때문에, 예부터 전례에도 없는, 무례한 일[이 일어났다고 말하지 않을 수 없다. 이것은] 언어도단의 일이다. 저쪽이 이전에 말했던 취지와 [이번의 취지는 크게] 다르다. [즉 교섭에 있어 주장이 수미일관하지 않은 것]처럼 생각된다. 어쨌든 지금 상황으로는 [교섭이 타결에 이를 수 없다. 귀하의] 귀국은 이루어지기 어려운 일이다. 계속해서 반한의 사본을 [이쪽에] 건네주도록 [저쪽에] 분명히 요구하시길 바란다. 그것이 귀하가 해야 할 가장 중요한 일이라고 생각된다.

一 横目頭付之候、此度渡海ニ付候而、武国ニ付
出家衆へ被仰付候趣、書付を以被申渡置候
其例ニ付、申達置候、右相済候故ニ出家衆
相済可申と存候、然ル処出家衆へ相済
候ハ、横目頭付之可申与申候処、御推察被成候

一、接慰官引取候儀致決定候与之御紙面ニ候出宴席之儀者御返簡被請取候以後有之先例ニ候御返簡不被相請取候内ニ出宴席相済可申とハ不存候然者出宴席不相調候而接慰官引取可申与申候段難心得儀ニ

一、接慰官が[都へ]引き揚げる事が決定したとの御紙面であるが、出宴席の儀は[どうなっているのであろうか。]御返翰を請け取った以後[出宴席の設行が]有るとの事が先例である。つまり御返翰を請け取らない内に、出宴席を済ませてしまうような例は無い。もしそうであるならば、出宴席を調えぬまま接慰官が引き揚げたと言うことになり、そのような事は心得難い事

1. 접위관이 [도성으로] 철수하는 것이 결정되었다는 지면인데, 출연석의 일은 [어떻게 된 것인가.] 반한을 받은 후 [출연석의 설행이] 있는 것이 선례이다. 즉 반한을 받지 않은 상태에서 출연석을 끝내버리는 예는 없다. 만일 그렇게 되면 출연석을 마치지 않은 상태에서 접위관이 철수한 것이 되어, 그와 같은 일은 납득하기 어려운

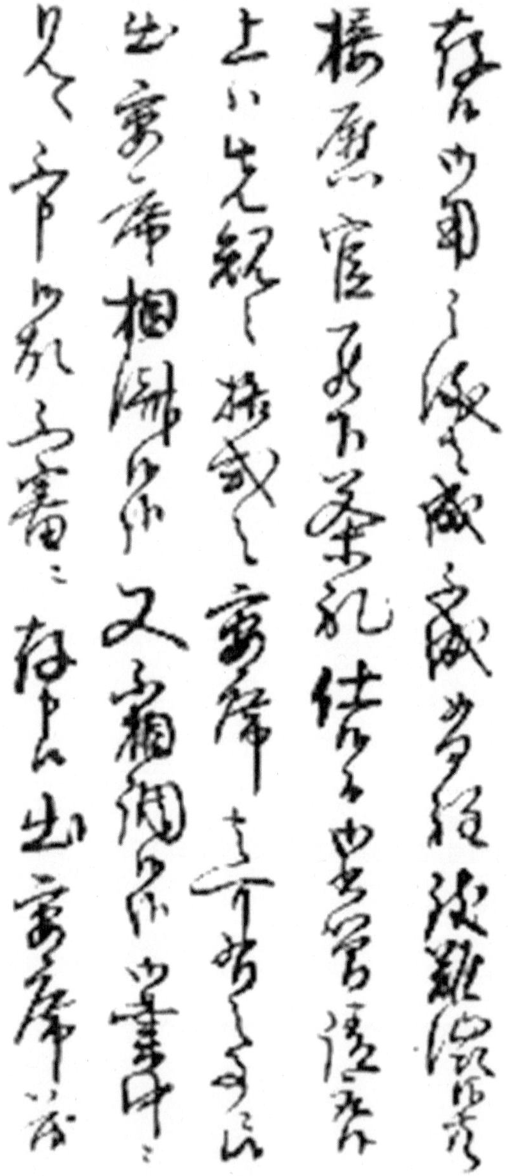

存候御用之儀者成不成如何程致難渋候共接慰官罷下茶礼仕候而御書簡請取候上ハ先規之格式之宴席者可有之事ニ候出宴席相済候哉又不相調候哉御書中ニ見へ不申候故不審ニ存申候出宴席茂

である。御用の事は成立したり成立しなかったり、どのように難渋致したところで、接慰官が罷り下り茶礼を仕って御書翰を請け取った上は、先例の通りの格式で宴席が行われる筈である。このような出宴席は済んだのであろうか。又は、相調わないままになっているのであろうか。[貴殿の]御書中には[この点の]書き入れが無いので、不審に思っているところである。[もしも]出宴席も

일이다. 용건은 성립되기도 성립되지 못하기도 하여, 아무리 상황이 어려워도, 접위관이 내려와 차례를 지내고 서한을 받은 이상, 선례에 따른 격식으로 연석을 거행해야 한다. 이러한 출연석은 끝난 것인가. 아니면 준비되지 않은 상태인가. [귀하의] 서한 중에는 [이에 대한] 언급이 없어, 이상하게 생각하고 있던 참이다. [혹시] 출연석도

不仕候様仕候ニ付然共以後大ニ事被成仕
掛ケ候何方ゟも上方ニ候ハ、後々兵乱騒動
被為成ニ付候得者此方々仕掛候而ハ不宜
以後ハ筆之往掛抔も可有之少々居候ハ
山越ニ而伐来元ニ而難成以後出家等
不相応以後穏便ニ被成候様仕度奉
存候

不仕帰京仕候ニ決定候段大ニ事破候仕掛ニ而何共笑止千万ニ存候乍然不礼非法者彼方之咎ニ而候此方より仕掛候儀ニ而無之候得者以来被仰掛様も可有御座候哉山越之儀其元之勢難計候得共出宴席不相済候而者接慰官帰京仕間敷哉与存候

行われず[そのまま接慰官が]帰京を命じられたということであれば、その決定というのは[朝鮮にとって交渉の上で]大いに事破れた仕掛けの有様である。それゆえ何共[こちらから見れば]笑止千万に思うところとなる。然しながら[敢えて、そのような行動を取るという。その]不礼非法はあちら側の咎である。こちら側から仕掛けた事では無いので、以後[その非法について、なお幾らでも]申し入れ様は有る筈である。山を越して[東莱へ乗り込む]事は、貴殿の勢い[その覚悟が、こちらから]は計り難く[その後、どのように展開するか伺い知れないので、何とも申し上げようが無い。]だが出宴席については、これが済まなければ接慰官は[その役職を果たした事にならず]帰京することはできない筈である。

행하지 않고 [그대로 접위관이] 귀경을 명받은 것이라면, 그 결정이라는 것은 [조선이 교섭하는 데 있어] 크게 형식을 깨려는 의도가 있는 것 같다. 그렇기 때문에 어쨌든 [이쪽에서 보면] 어이없는 일이라고 생각하는 바이다. 그러나 [일부러 그와 같은 행동을 취한다고 한다. 그] 무례한 불법은 저쪽의 잘못이다. 이쪽에서 저지른 일이 아니기 때문에, 이후 [그 비법에 대해, 얼마든지] 추궁할 방법은 있을 것이다. 산을 넘어 [동래에 쳐들어가는] 일은 귀하의 기세 [그 각오가, 이쪽에서]는 헤아리기 어려워, [그 후 어떻게 전개될 것인지 예측할 수 없어, 무엇이라 말씀드릴 수 없다.] 그러나 출연석에 대해서는, 이것이 끝나지 않으면 접위관은 [그 역직을 수행한 것이 되지 않아] 귀경할 수 없는 것이다.

一　振廻宿之儀ハ引続キ本陣相勤来候
支配之通リ東海道宿々ニ而之様子ニ御座
申掛ケ候儀も先年一同之上申渡候
ニ付御不申仕候得共、上ニ而も是迄之通相勤
相成り候ニ付、寛政振廻宿之儀例
様式相調置可申相渡置候
ニ而追ニ而候儀、此儀ニ付申上度候

一、接慰官弥以引取候ハヽ貴様儀猶以其元江被致逗留東莱江被申断又者接待之儀被申掛候而成共先第一写を被請取被差渡候様ニ可被仕候其上ニ而御返簡無別条ニ相極り候得ハ重而接慰官を呼請如先例格式相調返簡可被相請取候仮令幾年御逗留候而成共此儀者不被申届候而者

一、接慰官が、いよいよ[都へ]引き揚げるのであれば、貴殿は猶さら、その地に逗留し続け、東莱府使へ率直に[先例の無い理不尽な交渉である事を]強く申し入れなければならない。あるいは又、会談の[再開を]申し入れるよう成さる[べきである。そのような交渉を続け]先ずは、第一に[返翰の]写しを受け取れ[るよう、あちらに要求し、それが]差し渡されるよう[強い申し入れを]続行なさるべきである。その[ような交渉が行われた]上で[返翰の写しに対し、こちらの同意があり]御返翰が別条無く[渡されることに]決定されたならば、重ねて接慰官に呼び掛け、先例の如く格式を調え、その返翰を受け取るべきである。たとえ幾年にわたり御逗留となっても、この事は聞き届けられなければ、

1. 접위관이 결국 [도성으로] 철수한다면, 귀하는 더욱, 그곳에 계속 두류하며, 동래부사에게 솔직하게 [선례에 없는 이치에 맞지 않는 교섭이라는 것을] 단호히 말하지 않으면 안 된다. 어쩌면 또, 회담의 [재개를] 요구해야 [할 것이다. 그와 같은 교섭을 계속하며] 우선 제일 먼저 [반한의] 사본을 수취[할 수 있도록, 저

쪽에 요구하여, 그것을] 건네주도록 [강하게 요구하는 일을] 계속해야 한다. 그[와 같은 교섭이 이루어진] 후에 [반한의 사본에 대해, 이쪽이 동의하여] 반한이 문제없이 [수취된다고] 결정되면, 다시 접위관에게 이야기하여, 선례와 같은 격식을 차려, 그 반한을 수취해야 한다. 가령 몇 년간 두류한다 해도, 이 일은 받아들여지지 않으면,

末代之障ニ可罷成竹嶋一件之儀斗ニ而
於之事趣御家之為ニ候様存知寄候ハ
此御用ニ延引ニ仕候ハ　公儀向去年之儀ニ
申候先只今之通ニ而を以酒ニハ難成候ハ
相極り申ニ付前以之様ニ只今之通被成
申候以上

末代之障ニ罷成候竹嶋一件之儀斗ニ而無之両国通信幾久敷儀者御存知之前ニ候此御用御延引之段ハ　公儀向不可然儀ニハ候得共只今之首尾ニ而者御帰国ハ難成候相極り申候前以之次第ハ只今者不及申儀ニ候

末代までの障りに成る。竹嶋一件の事ばかりでは無く、両国の信を通わせる交流が幾久しく続くためには、この事は[両国の間で]了解されなければならぬことで[当然の]前提である。この一件の御用が延引しているのは、公儀に向けては、甚だ芳しくないことである。[そのことは明らかである。]だが[そうは言っても、相手のあることであり、困難な交渉であることは、こちらも承知している。]ただし今のような首尾では[交渉と言う名に値しないので、貴殿の]御帰国は成り難い。そのように[こちらでの相談は]決定した。[それゆえ帰国に先立って]前以て[打ち合わせをするような]次第は、この只今の段階では[不必要であり、それはいまさら]言うに及ばぬ事である。

말대까지 문제가 된다. 죽도일건의 일뿐 아니라, 양국의 신의에 근거한 교류가 오래도록 지속되기 위해서는, 이 일은 [양국 간에서] 양해되지 않으면 안 되는 일로 [당연한] 전제이다. 이 일건의 일이 지체되고 있는 것은, 장군에게는 아주 바람직하지 않은 일이다. [그것은 분명하다.] 그러나 [그렇다 해도, 상대가 있는 일로 곤란한 교섭이라는 것은, 이쪽에서도 알고 있다.] 다만 지금과 같은 상황에서는 [교섭이라는 명목에 어울리지 않아, 귀하의] 귀국은 이루어지기 어렵다. 그렇게 [이쪽에서의 상담은] 결정됐다. [그러하니 귀국에 앞서] 먼저 [상의하는] 일은, 현 단계에서는 [불필요하며, 그것을 새삼스럽게] 언급할 필요가 없다.

一 此上ゟ御役々之御返答一書を以返答可
申候、御合中可被成候、仕方之御座候
右之一事ニ而御隣好を損候仕候を相欠候
事ハ一朝一夕之出入ニ無之候、御隣好古来ゟ
両国之御間世々之御誠信不相絶候処
此節之事ニ付御隣好大切之儀候

一、此上如何様ニ被仰懸候とも一言之返答も不申取合申間敷与之仕方ニ御座候由左候へハ両国之通用ハ断絶仕候与相見江申候一朝一夕之出入小嶋之議論ニ古来より至而二永々一無別条誠信可相続通好之道此節ニ至而絶可申段至而大切成儀与

一、この上は、どのように仰せ懸けられても、一言の返答もしない、もう取り合わないと[あちらの側は、そのような]仕方であるという。そのようであれば両国の通用は断絶ということになってしまう。一朝一夕の出入[その僅かな]小嶋の議論によって、古い昔から永々に積み上げ、ここに別条無く至った両国誠信の交わり、通好の道が、この節に至り、絶えてしまう。[そのようなことは、何とも残念な事である。それを回避する事こそが、この交渉において]至って大切な所である。

1. 이후에는 어떻게 말씀하셔도, 한마디도 답변하지 않고, 더는 상대하지 않겠다고 [저쪽은 그러한] 방침이라 한다. 그렇다면 양국의 교류는 단절된 것이 되고 만다. 일조일석의 출입 [그 사소한] 소도의 논의로, 먼 옛날부터 오랫동안 쌓아올려, 지금까지 문제 없었던 양국성신의 교류, 통호의 길이 여기에 이르러 단절되고 만다. [그 같은 일은 참으로 유감스러운 일이다. 그것을 회피하는 일이야말로, 이 교섭에서] 가장 중요한 일이다.

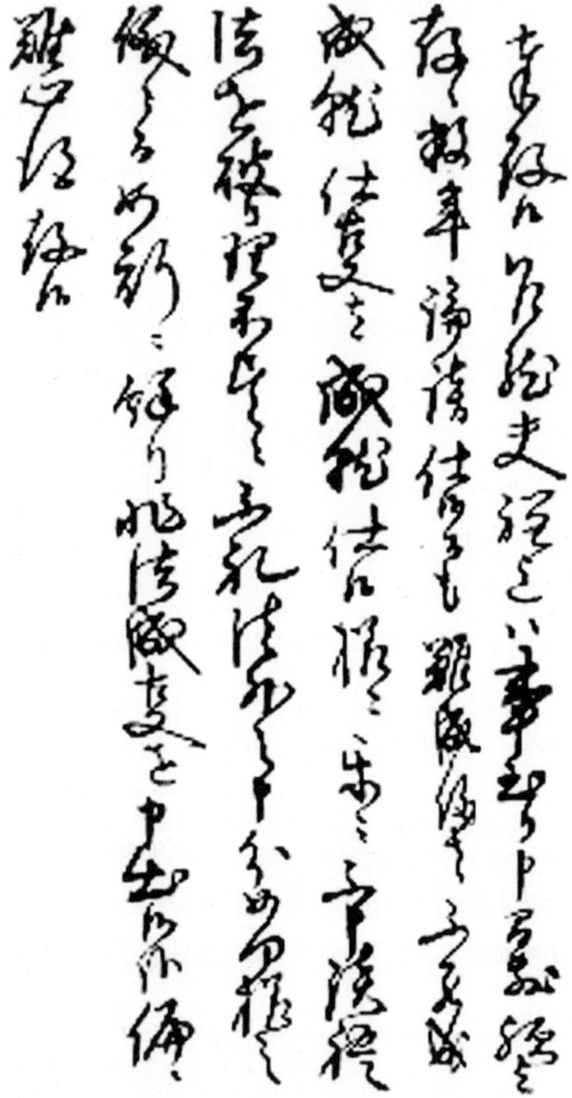

奉存候乍然夫程迄ハ事至り申間敷歟与存候数年論談仕候而も難成儀者不罷成成就仕事者成就仕候様ニ互ニ不申談礼法を破り理不尽ニ不礼法外之申分如何様之儀ニ而如斯ニ余り非法成事を申出候哉偏ニ難心得存候

[そのように、こちらは]思っている。しかしながら、それ程まで[難しい]事態には、立ち至る事は無いのではないか、そのようにも思っている。数年に亘り論談を行って見ても、成り難い事は、やはり罷り成る事は無いし、成就する事は、それなりに成就して来るものである。[だから]そのように互いに会談することもなく、礼法を破り、理不尽な不礼、法外の申し分を言い出して見ても[やがて時期が来れば、収まるべきものは、それなりに収まってくるものであり、収まらないものは、やはり収まらない。だが]どのような理由で、このような余りにも非法な事を[今回]申し出て来たのであろうか。ただただ[こちらでは]考えも及ばぬところである。

[그렇게 이쪽은] 생각하고 있다. 그러나 그 정도로 [어려운] 사태에 이르는 일은 없지 않겠는가. 그렇게도 생각하고 있다. 수년에 걸쳐 논담을 행해도 이루기 어려운 일은 역시 이루어지지 않고, 성취되는 일은 그 나름대로 성취되어 간다. [그러므로] 그처럼 서로 회담하는 일도 없이, 예법을 깨고 이치에 어긋나는 비례, 무리한 말을 해보아도 [결국 시기가 오면, 수습될 일은 나름대로 수습되는 것이고, 수습되지 않는 일은 역시 수습되지 않는다. 그러나] 어떠한 이유로, 이처럼 지나친 비법의 일을 [이번에] 언급해 온 것일까. 그저 [이쪽에서는] 생각도 할 수 없는 일이다.

一 朝鮮ゟ申来候何之存寄ニ而茂無之候可申
申候趣申掛候ニ而も候此節大切之様ニ申候
是とも定而無之儀ニ付候 申掛可申ニ付
可有之候ハ 添可申哉と存候 一 大ゟ方
朝鮮ゟ申来哉之儀を承候ハ、其付
申候 波風之船荷中より此方へ被仰さ
仕掛之儀申来而可有之と存事ニ御座候

一、東莱迄被罷越何之道ニ茂以面談可被申談由被申掛候与之儀此段大切ニ存申候　是者定而其時之勢イニより被申掛たるニ而可有御座候弥可被罷越与ハ不存候へ共若東莱江被罷越候儀者事之破ニ近付申候彼国ニ者非法を申候とも此方より破礼口を仕掛候儀遠慮可有之事ニ御座候

一、東莱府にまでも出向き、どのような[強硬な]手段に出ても[兎も角]申し出て[なんとしても]会談を申し掛けようとまで思っておられるようであるが、そのような事は[よくよく]大切に[熟慮し、慎重に行うべきものと、こちらでは]考える。そのような[荒っぽい]遣り方は、おそらくその時の勢いによって[勢いのまま、ただ発言として]申し掛けただけのことで[それは本来そのような発言だけで]終わってしまうべきものであろう。いよいよ[実際に行動を起こし、わざわざ東莱府に迄も]出向かなければならないことだとは思わない。もしも東莱府へ[禁を犯し]出向かれる場合[こちらが]事の破れに近付いた時である。彼の国が非法を申した段階で、こちらから[わざわざ事の]破れ口を[拡げ、彼の国に]仕掛けることは[必要の無い事である。この際、両国の争乱を招くことでもあり]御遠慮なさるべきであろう。

1. 동래부까지 가서, 어떠한 [강경한] 수단을 취해서라도 [어떻게든] 요구하여 [어떻게 해서라도] 회담을 요구하려고까지 생각하고 계시는 것 같으나, 그러한 일은 [차분하게] 잘 [숙려하고, 신

중하게 행동해야 할 일이라고, 이쪽에서는] 생각한다. 그러한 [거친] 방법으로는, 아마도 그때의 기세로 [기분 내키는 대로, 발언하여] 요구하게 될 뿐, [그것은 그러한 발언으로] 끝나버리게 될 것이다. 그래서 [실제 행동으로 옮겨, 일부러 동래부까지] 갈 일이라고는 생각하지 않는다. 만일 [규칙을 어기고] 동래부에 찾아갈 경우, [이쪽의] 일이 파탄에 가까워졌을 때이다. 그 나라가 비법을 말한 단계에서, 이쪽에서 [일부러 일의] 파탄을 [촉진시키며, 그 나라에] 도전하는 일은 [필요 없는 일이다. 지금은 양국의 쟁란을 부르는 일이 될 수도 있어] 삼가야 할 것이다.

一 御隠居様之御家之儀ハ申ニ不及、若年寄中
以[illegible]

一、御隠居様思召寄之段ハ御近習之者中より以別紙被申越候

一、御隠居様のお考えは、御近習の者たちの中から、別紙を以て申し伝えられる筈である。

1. 은거하신 분의 생각은, 측근들 중에서, 별지로 해서 전달할 것이다.

一 此度此方ゟ以飛船申入候書中可被相
達候ハヽ猶又飛船を以返事ニ相成候様
世話可被成候

一、先便此方より以飛船申進候書中可被相達与存候乍然連状之御返事不相達候故無心元存候

一、先の便りに、こちらから飛船を以て申し伝えた書中がそちらに直ぐ、期限内に]達しなかったとあるが、連状の御返事が[遅れ、相応しい時期に]達しないとなると[今後の交渉において]いささか不安に思うところである。[是非、改善したいものである。]

1. 앞의 연락에, 이쪽에서 비선으로 전한 서류가 [그쪽에 즉시, 기한 내에] 도착하지 않았다고 하는데, 연서한 답장이 [늦어, 적당한 시기에] 도착하지 않는다면 [금후 교섭에 있어] 조금은 불안하게 생각하는 바이다. [꼭 개선하고 싶은 일이다.]

一 先度ニ御[illegible]遣候処[illegible]写[illegible]

朝鮮御所[illegible]同文[illegible]

其上[illegible]委細[illegible]一段可申達候

候、左様ニ御心得可被成候

一、先便ニ茂申遣候通御返簡之写被差渡候刻以酊庵江被懸御目文字之善悪御極被成其上其元江委細御差図之趣可申達候間弥左様ニ御心得可被成候

一、先の便りにも申し遣した通り、御返翰の写しが[こちらに]差し渡されたならば、即刻、以酊庵へ御目に懸け[文字内容を読み解いていただき、その上で]文字の善悪[その他の判断を評定し、最終的に御隠居様に]御決めに成っていただく。その上で貴殿へ[改めて]委細についてを差図するつもりである。そのような趣旨で[あちらへ今後の]申し入れを行いたいと考えている。それゆえ、いよいよ、そのように御心得を成さって[交渉を続けて]いただきたい。

1. 지난 연락에서도 말씀드린 대로, 반한의 사본이 [이쪽에] 건너온다면, 즉각 이테이안에 보여 드려 [문자의 내용을 해석해 달라고 하여, 그 후에] 문자의 선악이나 [그 외의 판단을 평정하여, 최종적으로 은거하신 분에게] 결정해 달라고 한다. 그런 후에 귀하에게 [다시] 자세한 것을 지시할 계획이다. 그러한 취지로 [저쪽에 금후의] 일을 요구하고 싶다고 생각하고 있다. 그렇기 때문에 미리 그렇게 마음먹고 [교섭을 지속해]주었으면 한다.

一　手元之様子委細ニ御申越致承知候　思召之通ニ
猶又右ニ付　出俄ニ候も早々相違無様ニ
御承知之事ニ
御陣屋様ゟ　何角思召之趣ニ候へハ御伴ニ候得共
右之段申(?)候之趣能々致上京之上相談以善悪之
相談可申も　此旨御承知之事

一、其元之様子委細ニ御聞被成度被思召上又者爰元より被仰越候儀も具ニ相達候様ニ与之御事ニ而　御隠居様より河内益右衛門御使ニ被仰付被差渡候依之委曲口上書ニ相認益右衛門江相渡候尤覚書之趣

一、貴殿の様子を、委細に御聞きに成られたいと[御隠居様は]お考えになっておられる。そして又、貴殿から報告のあった事も、具に[お聞きになり、御理解なさって居られる。その事を貴殿に]申し伝えるようにとの[御隠居様の]御希望である。それゆえ御隠居様から河内益右衛門を[貴殿への]御使者とするよう御命令があり[そちらへ]差し渡されることになった。これに依り、委曲は口上書に相したため、益右衛門へ渡しておく。尤も、この覚書の趣旨は、

1. 귀하의 상황을 자세히 듣고 싶으시다고 [은거하신 분은] 생각하고 계신다. 그리고 또 귀하가 보고한 일도, 자세히 [들으시고 이해하고 계신다. 그 일을 귀하에게] 전하라는 [은거하신 분의] 희망이다. 그래서 은거하신 분으로부터 카와치 마스에몬을 [귀하에게] 사자로 보내라는 명령이 있어, [그쪽으로] 건네 보내기로 했다. 이에 따라 자세한 것은 구상서에 적어, 마스에몬에게 맡겨 둔다. 원래 이 각서의 취지는,

御隠居様ゟ宜得御意候趣申越候以上

九月廿六日

田沼十郎兵衛

堀口左馬助

平田隼人

多田與左衛門殿

御隠居様江奉伺之如此御座候已上

九月廿三日　田嶋十郎兵衛

樋口左衛門

平田隼人

多田与左衛門殿

御隠居様へ伺い奉り[御了解を得たものである。]以上のように申し伝える。

九月廿三日　田嶋十郎兵衛

樋口左衛門

平田隼人

多田与左衛門殿

은거하신 분께 여쭈어 [양해를 받는 것이다.] 이상과 같이 전한다.

9월 23일　타지마 쥬우로우베에

히구치 자에몬

히라다 하야토

타다 요자에몬 토노

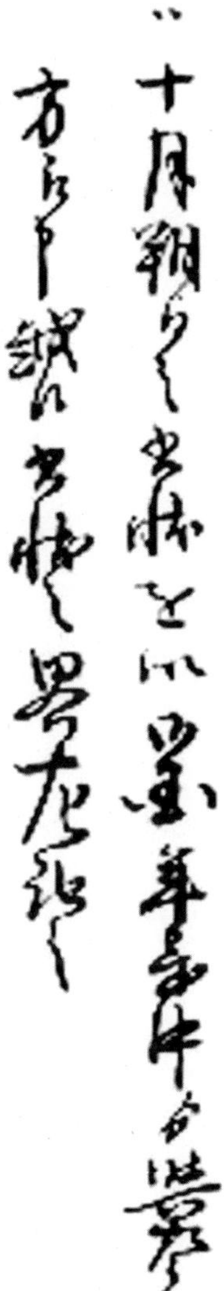

(25-04)

〃十月朔日之書状を以御国年寄中より与左衛門方[江]申越候書状之略左記之

(25-04)

〃十月朔日付の書状を以て、御国の年寄中から与左衛門方へ申し伝えたことがある。その書状の略を、左に記す。

(25-04)

〃10월 1일부 서장으로, 본국의 가로 중에서 요자에몬 쪽에 전한 것이 있다. 그 서장의 개략을 아래에 기록한다.

一 去月廿二日之御返翰致相達候、依之追付
候処、可有之筈候得共、何以無之来候ニ
付、誠ニ便別ニ御座候
帰路飛脚ニ掛ケ御用ニ無之来候、何方ニ
茂船仕立候而無之ニ付、[illegible]無之来
候ニ 書留ニ写ニ而[illegible]上書御返書ニ而

〃去月廿二日ニ御返翰被相請取候付追付帰国可有之由委細者阿比留惣兵衛便ニ被申越候由則御状　御隠居様江掛御目候惣兵衛儀何方江着船仕候哉御国之地ニ者着不申候惣兵衛便ニ書簡之写被差上其御返事御聞

〃去月(九月)二十二日に[すでに]御返翰を請け取られた由[貴殿の御帰国の希望は承った。だが今暫く御滞留なさって頂きたい。]追っ付け帰国[の御許可]が有ることであろう。[この度の]委細は阿比留惣兵衛[の乗る]便船によって[惣兵衛に持参させ、そちらから、こちらへ]申し伝えられる筈との由であった[それが届けば]直ぐにも、その御状を御隠居様へ御目に掛けようと思う。だが惣兵衛は何処の港に着船したのであろうか。御国の地には[まだ]着いていない。惣兵衛の便[に託したという]書簡の写しが[こちらに]差し上げられ、その御返事についても

〃지난(9월) 22일에 [이미] 반한을 청해 받았기 때문에 [귀하가 귀국을 희망한다는 것을 들었다. 그러나 조금 더 체류해 주었으면 한다.] 곧 귀국 [허가]이 있을 것이다. [이번의] 자세한 것을 아비루 소우베에[가 타는] 선편에, [소우베에에게 지참시켜, 그쪽에서 이쪽으로] 전해줄 것이라는 내용이었다. [그것이 도착하면] 바로, 그 서장을 은거하신 분에게 보여드릴 생각이다. 그러나 소우베에는 어느 항에 착선한 것인지. 쓰시마 후츄우에는 [아직] 도착하지 않았다. 소우베에 편[에 보냈다는] 서간의 사본이 [이쪽에] 도착하여, 그 답장에 대해서도

一僉使之陪臣可相勤事ニ候処　最早上候
無之来使ニ出候様ニと申上候由　此方ゟ
出家衆之老家進上陪臣之儀も申上一ニ
御帰陽様御用之事無上候　無之来
為船仕候様可相知り候て甚様子ハ

届候而帰国者可相極事与被思召上候惣兵衛便ニ如何様ニ被申上候とも此方より之御差図不被承追付帰国之由被申上一々 御隠居様ニ御同心ニ不被思召上候惣兵衛着船仕候者様子可相知候得共其様子ハ

[御隠居様が]御確認の後[貴殿の]帰国の事は決定したいと[そのように御隠居さまは]お考えになっておられる。惣兵衛の便に、どのように[貴殿が報告を]申し上げておられようとも、こちらからの御差図を承ることなく[自分勝手に]追っ付け帰国の由を申し出られたことは、その一つ一つについて、御隠居様は御同意なさっておられない。惣兵衛が[こちらに]着船したならば[その間の事情や]様子などを知ることができるが、その様子が

[은거하신 분이] 확인한 후에 [귀하의] 귀국 건은 결정하고 싶다고 [그렇게 은거하신 분은] 생각하고 계신다. 소우베에 편에, 어떻게 [귀하가 보고를] 드렸다 해도, 이쪽의 지시를 받는 일 없이 [마음대로] 서둘러 귀국의 뜻을 말씀드린 것은, 그 하나하나에 대해 은거하신 분은 동의하고 있지 않으시다. 소우베에가 [이쪽에] 착선했다면 [그간의 사정과] 상황 등을 알 수 있겠지만, 그 상황이

然者様子も当分御懸様被仰付候
御意を相背可申と申田舎上方自然
出会之写ニ而相背候而書斗ニ而候而
望ニ而御様子之趣急度被成御座候ハ、世上之心元
存候ニ付、御前ニ被成御座候ハ、御意之相延ニ
御返答之写成御座候御様子ニ而無之船ニ而
被仰付候ニ御意之御請申上候処ニ今ニ而無之候
御合点御難義之儀御意之御座候而河内
並屋之御用被成候而御付置申了間敷人共

如何様にても有之候得段々被仰付候　御意を相守可申与被思召上候自然書簡之写不被相請取本書斗被請取帰国候様ニ被極置候哉　此段別而無心元存候最前ニ致虚病候而成共相延置御返簡之写差渡候様ニ与態以飛船被仰付候　御意之御請も于今無之旁以御合点難被遊与之　御意ニ御座候河内益右衛門儀御使ニ被仰付委細口上之覚書

[たとえ]どのようであっても、色々に申し付けた[御隠居様の]御意向を[貴殿はしっかりと]守って行動すべきである。[このような御隠居様の]お考えである。[前例に従い]自然[のまま、先ずは]書翰の写しを請け取るべきを、そうでは無く[あちらの言うまま]正本の書翰だけを請け取り[今回は]帰国しようと[なさる。どうしてそのように]決定なさったのであろうか。ここのところが殊に心元無く[不審に]思う次第である。最前[申し遣わしたように、偽って]虚病を訴えてでも[居座り、交渉が]延引になっても、なお御返翰の写しが[こちらに]差し渡されるよう[ねばり強く努力すべきである。そのように]飛船を以て[御隠居様からの]御指示もあったが、その御意の御請けも、只今に至るまで無い。そのような事もあって[御隠居様は、貴殿のお考えに]合点し難いと、そのような御気持ちでおられる。[それゆえ]河内益右衛門を[貴殿へ向けての]御使者に命じられ、その委細を、使者口上の覚書を以て、

[설령] 어떠하다 해도, 여러 가지로 분부하신 [은거하신 분의] 의향을 [귀하는 잘] 지켜 행동해야 한다. [이러한 은거하신 분의] 생각이시다. [전례에 따라] 자연[스럽게 우선은] 서한의 사본을 청취해야 한다. 그

렇지 않고 [저쪽이 말하는 대로] 정본의 서한만을 청취하여 [이번에] 귀국하려 [하신다. 어째서 그렇게] 결정하신 것일까. 이 점이 특히 불안하고 [이상하게] 생각된다. 최근에 [전한 것처럼, 거짓으로] 꾀병을 부려서라도 [버티어, 교섭이] 연기되어도, 어떻게든 반한의 사본이 [이쪽에] 건너오도록 [끈질기게 노력해야 한다. 그렇게] 비선으로 [은거하신 분이 보낸] 지시도 있었으나, 그런 뜻에 대한 답도, 지금까지 없다. 그러한 일도 있어 [은거하신 분은, 귀하의 생각을] 납득하기 어렵다고, 그렇게 생각하고 계신다. [그렇기 때문에] 카와치 마스에몬을 [귀하에게 보내는] 사자로 명하시어, 그 자세한 일을 사자의 구상 각서로 해서

一 此比朝鮮之南路迄より人来り友藏を
辞し隠形する年八十をいふ家業一冊
二爲し返答ニ書面ニ而 諸方憤り
ま蔵ハ付一日 國主迄ニ南路迄し空ニ
也出来る竹嶋之件を文をも手出候而
南路迄之也返答出上ハハ古よりつ爲之ハ
而国ハ定め候而不一帰を安筆の旨を
帝以ハ日本人住る此度ある事せず候ニ
是れ只今太平ニ付爲ニ我国し土地を

を以被仰渡候得共御返簡被相請取候以後其元江着船仕筈ニ候故定而被仰付候儀も無ニ成可申与被思召上候　前以其元江被相扣御返簡之写是非被差渡候様ニ与被仰遣候得共本書を直ニ可被請取勢ニ相聞江候故益右衛門江段々被仰含被差渡候乍此上写被差渡事罷成首尾ニ候ハヽ急度以飛船可被差上候為念先此段早々可申遣旨依御意如此候

仰せ渡されることになった。だが御返翰を[貴殿が]請け取ってしまった以後に[益右衛門が]そちらへ着船する筈なので、おそらく御命じに成った事も、もはや無効に成ってしまっているであろう。そのように[御隠居様は]お考えになっておられる。前以て、そちらに控え[置く事になっている]御返翰の写しを、是非[本国の対馬へ]差し渡される様にと、そのような仰せ付けを遣わしたが[そのような写しの到来も未だ無く、ただ御返翰の]本書を[貴殿が、そのまま]直に請け取るような勢いに[こちらでは]聞えてきたので、益右衛門へ色々と[貴殿への]指示を含め置いて[この度]差し渡すことになった。その上での事であるが[返翰の]写しが[あるいは、あちらから]差し渡されて来るような首尾に成れば、必ず飛船で[その写しを対馬府中に居られる御隠居様に、直ちに]差し上げるよう成さっていただきたい。念のためではあるが、先ずこのような事を、早々に申し遣わすことになった。これは[御隠居様の]御意向に依ることである。

명하시게 되었다. 그러나 반한을 [귀하가] 수취한 후에 [마스에몬이] 그쪽에 착선할 것이므로, 아마도 명하신 일도 이미 무효가 되고 말았을 것이다. 그렇게 [은거하신 분은] 생각하고 계신다. 전부터 그쪽에 보관해 [두고 있다는] 반한의 사본을, 필히 [본국 쓰시마로] 보내도록 하라고, 그러한 지시를 보냈으나 [그러한 사본도 아직까지 도래하지 않고, 그저 반한의] 본서를 [귀하가 그대로] 직접 수취할 것처럼 [이쪽에는] 들려왔기 때문에, 마스에몬에게 여러 가지로 [귀하에게 하는] 지시를 말해 [이번에] 도해시키기로 했다. 그런 상황에서의 일이지만, [반한의] 사본을 [어쩌면 저쪽에서] 보내오는 것과 같은 상황이 되면, 반드시 비선으로 [그 사본을 쓰시마 부중에 계시는 은거하신 분에게, 즉시] 보고하여 주셨으면 한다. 만약에 대비해서, 먼저 이러한 일을 서둘러 전하게 되었다. 이것은 [은거하신 분의] 뜻에 따른 일이다.

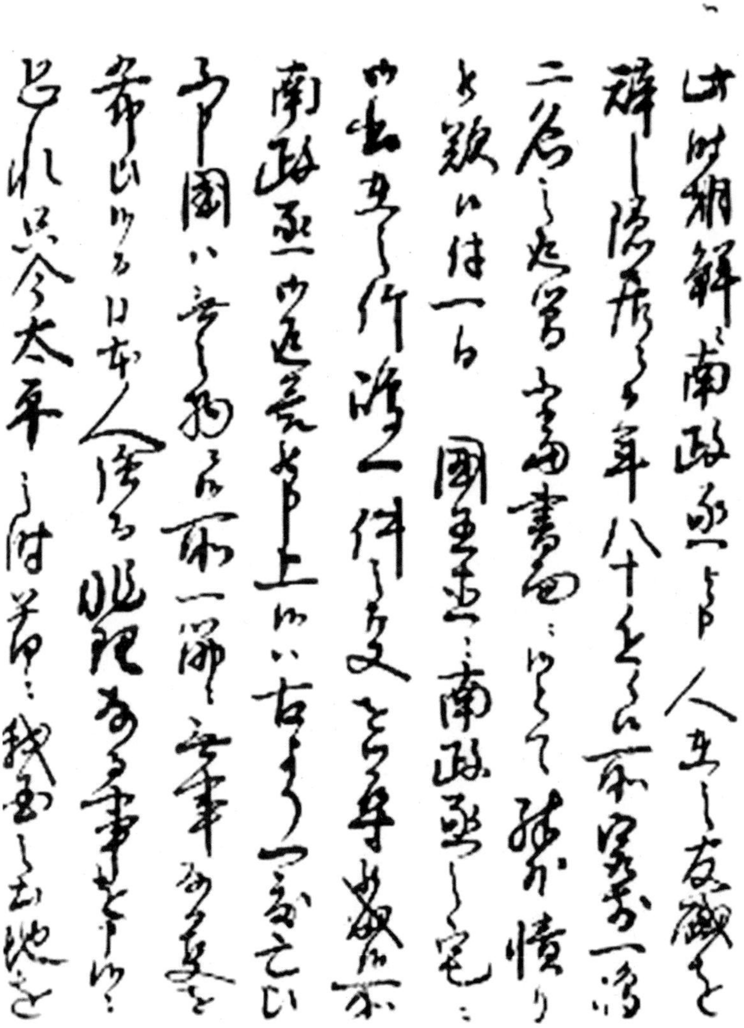

(25-05)

〃此時朝鮮ニ南政丞与申人在之官職を辞し隠居ニ而年八十近く候所最前一嶋二名之返簡不当書面ニ候とて殊外憤り被歎候付一日国主直ニ南政丞之宅ニ御出在之竹嶋一件之事を御尋被成候所南政丞御返答被申上候ハ古より一度亡ひ不申国ハ無之物ニ候所一筋ニ無事なる事を希ひ候而日本人強而非理なる事を申候ニ恐れ只今太平之時節ニ我国之土地を

(25-05)

〃この時期、朝鮮に南政丞(南九万)と申す人が居た。官職を辞し、隠居にて暮らし、年齢は八十歳近くであった。[やがて領議政となり、一国の宰相として、政務全般を取り仕切ることになった。]この人が最前から[前回の]一島二名の返翰は不当の書面であるとして、殊の外、憤り歎かれていた。そのため、とある一日、国王が直々に南政丞の家宅に出御することが在った。そして竹嶋一件について[直々に]御尋ねに成った。すると南政丞が、ここで国王に御返答を申し上げた事は[次のような事であった。すなわち]古から[今に至るまで]一度も亡び無かった国などは、ございません。[だが先の壬辰丁酉倭乱のような国難を踏まえ、再び亡国の危機を招かぬよう]ただ一筋に無事なる事を希求し[当面の問題をただ繕うだけの、定見のない外交交渉を、我が国は行っています。]日本人は強くて[その武威を背景に]理に合わない事を申すのですが、その武威の事に恐れ過ぎ[こちらが主張すべき事を、あえて控えているようにも思われます。それゆえ]只

今、太平の時節に[ありながら、むざむざ]我が国の土地が

(25-05)

〃 이 시기, 조선에 남정승(남구만)이라는 사람이 있었다. 관직을 그만두고 은거하며 지내는데, 나이는 80세에 가까웠다. [드디어 영의정이 되어, 일국의 재상으로서 정무 전반을 취급하게 되었다.] 이 사람이 최근에 [전회의] 1도 2명의 반한은 부당한 서면이라며, 뜻밖에 화내며 한탄하고 있다. 때문에 어느 날, 국왕이 직접 남정승의 가택을 찾아가는 일이 있었다. 그리고 죽도일건에 대해 [직접] 물으셨다. 그러자 남정승이, 여기서 국왕에게 답변해 올린 것은 [다음과 같은 것이었다. 즉] 예부터 [지금에 이르기까지] 한 번도 망하지 않은 나라는 없습니다. [그러나 지난 임진 정유왜란과 같은 국난을 겪어, 다시 망국의 위기를 초래하지 않도록] 그저 한결같이 무사할 것을 희구하여 [당면의 문제를 그저 수습만 하려는, 정견이 없는 외교교섭을 우리나라는 행하고 있습니다.] 일본인은 강하여 [그 무위를 배경으로] 이치에 맞지 않는 일을 말합니다만, 그 무위를 지나치게 두려워하여 [이쪽이 주장해야 할 것을, 아예 삼가하고 있다고 생각합니다. 그렇기 때문에] 바로 지금, 태평한 시절[인데도 힘없이] 우리나라 토지가

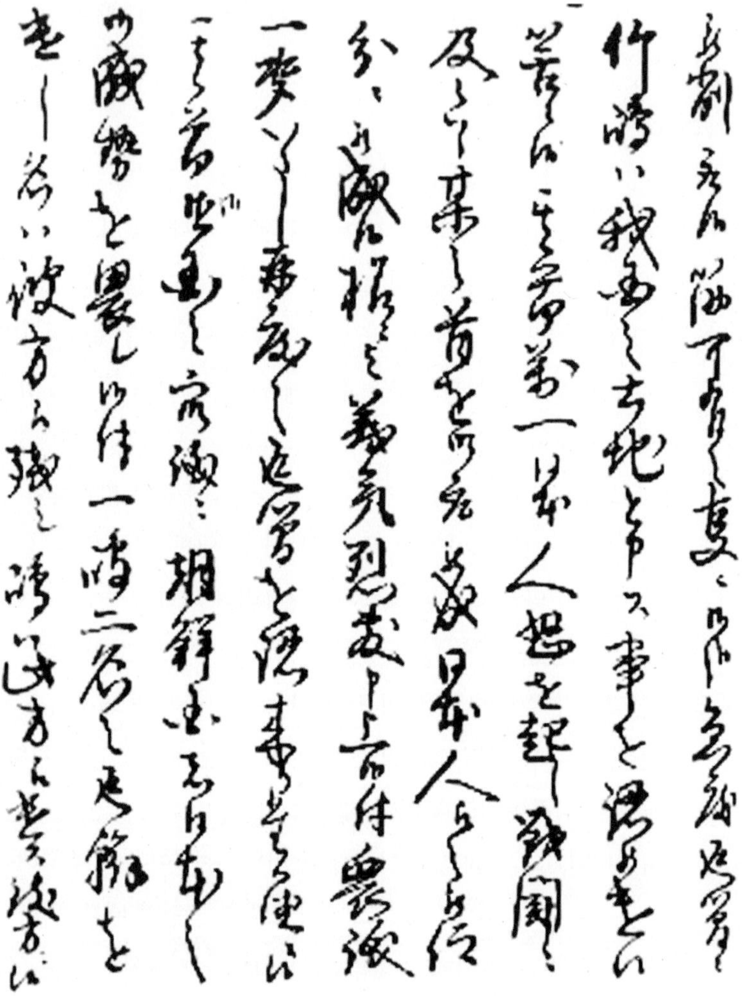

被削取候筋可有之事ニ候哉急度返簡ニ竹嶋ハ我国之土地と申ス事を認被遣候筈ニ候其節万一日本人怒を起し戦闘ニ及候ハヽ某之首を御取被成日本人江之被仰分ニ被成候様ニ与義気烈敷申上候付　衆議一決いたし再度之返簡を認来り足る由ニ候其節御国之衆議ニ朝鮮国者日本之御威勢を畏レ候付一嶋二名之返翰を遣し名ハ彼方江残シ嶋ハ此方江遣ス致方ニ候

[他国に]削り取られるという交渉の道筋にあります。そのような事は有ってよい筈がありません。必ず返翰には、竹嶋[すなわち蔚陵嶋]は、我が国の土地であると申す事を、しっかりとしたため[日本へ書簡を]遣わさなければなりません。そのような折、もし万一、日本人が怒りを起し、戦闘に及ぶような事態に至れば[そのような提案をした]私の首を御取りに成られ、これを日本人へ[お渡しになられ、それを期に戦闘を中止し、和平の]申し入れをなさって下さい。このような事を、義気激しく申し上げることがあった。[このような南政丞の意見陳述があり、その結果、朝廷の]衆議は一変した<註3>。[主張すべきは主張すべしと、そのように]決し、ここに再度の返簡をしたためる事となった。[こうして今回、改撰された返翰が、こちらに]来る事になった。[一方]そのような折、御国(対馬国)の衆議は以下のようなものであった。すなわち朝鮮国は日本の御威勢を畏れ[戦闘の勃発を回避するため]一島二名の返翰を遣わして来た。[その書簡の骨子は]名目はあちらに残し、島の実体はこちらへ渡すと、そのような処理の仕方である。そのような[紛らわしい処理となった

[타국에게] 잘려 빼앗기는 교섭 중에 있습니다. 그러한 일이 있어 좋을 리 없습니다. 반드시 반한에는, 죽도 [즉 울릉도]는 우리나라의 토지라는 것을, 분명히 기록하여 [일본에 서간을] 보내지 않으면 안 됩니다. 그러할 때, 혹시라도 일본인이 화를 내어, 전투에 이르는 사태에 이르면 [그 같은 제안을 한] 저의 목을 취하여, 이것을 일본인에게 [건네시고, 그것을 기하여 전투를 중지하고 화평을] 요구해 주십시오. 이 같은 일을, 강력히 말씀드린 일이 있었다. [이 같은 남정승의 의견 진술이 있어, 그 결과 조정의] 중의가 크게 변했다. [주장해야 하는 것은 주장해야 한다고, 그렇게] 정하고 여기서 다시 반한을 기록하게 되었다. [이렇게 해서 이번에 개찬된 반한이 이쪽에] 오게 되었다. [한편] 그러할 때, 본국(쓰시마노쿠니)의 중의는 이하와 같은 것이었다. 즉 조선국은 일본의 위세를 두려워하여 [전투의 발발을 회피하기 위해] 1도 2명의 반한을 보내왔다. [그 서간의 골자는] 명목은 저쪽에 남기고, 섬의 실체는 이쪽에 양도한다는, 그러한 처리방법이었다. 그 같이 [혼란스럽게 처리된]

上ハ再度返簡改撰し候而御渡被成とて
不来候御答ハ無之蓋陵隣し文字相除可申
安き事ニ可有之候之處改撰ニ而御附ニ改撰し
候而御掛合可被成度候

上ハ再度返簡改撰之儀被仰懸候とて不罷成筈ハ無之蔚陵嶋之文字相除候事ハ安キ事ニ可在之との衆議ニ而即時ニ改撰之儀被仰掛たる由也

以上、再度の返翰[を要求し、より明確な形に]改撰するべきである。そのような申し入れをして、事が成らぬ筈は無いと、そのような[勝手な]判断があった<註 4>。蔚陵嶋の文字を除く事は容易な事であろうと、そのような[安易な]御国の衆議があり、即時に改撰を要求する事が[決定された。そして朝鮮に向け]仰せ掛けが行われた。そのような[事の]成り行きであったと言う。[だがその後の展開は、その予想とは全く別な方向に進んだ。]

이상, 다른 반한[을 요구하여 보다 명확한 형태로] 개찬해야 한다. 그러한 요구를 하여 일이 성립되지 않을 리 없다고, 그렇게 [멋대로] 판단했다. 울릉도의 문자를 삭제하는 일은 용이한 일일 것이라고, 그처럼 [안이한] 본국의 중의가 있어, 즉시 개찬을 요구하는 일이 [결정되었다. 그리고 조선에] 요구하게 되었다. 그 같은 [일의] 진행이었다 한다. [그러나 그 후의 전개는, 그 예상과는 전혀 다른 방향으로 진행되었다.]

註１、勘合印のことで図書ともいう。正式の使者である証明になるもので、貿易の通信符である。これを今回、書簡の遣り取りに用い、使者たるの証明にしてはと伝えたのである。

도서

칸고우인(감합인)으로 도서라고도 한다. 정식 사자라는 것을 증명하는 것으로, 무역의 통신부이다. 이것을 이번에 서간을 주고받는 일에 사용하여, 사자의 증명으로 하면 어떻겠는가라고 전한 것이다.

註２、元禄七年九月二十三日付の「覚え」

ここには、今回の交渉の問題点が、まとめとして記されている。項目１から３に朝鮮側の方向性が記載され、項目４から７に対馬側の方向性が記載され、そして項目８から１１に今後の対応策が記載されている。すなわち朝鮮側の１は本書の記載をもう変更しないというもの、２はそれについてもう話し合いをしないというもの、３は返翰修正を行ったから前後の相違は問題にならない、新たな返翰は無いとするものである。第一次交渉の時と比べ、朝鮮側は良く言えば毅然とする態度、悪く言えば頑なな態度に置き換わっている。それに対し対馬側の対応は拙劣である。その４は出宴席の有無を取り上げ、形式主義(形を整えること)で外交交渉を推し進めようとするものであり、５は返翰の写しを取り上げ、先例主義(慣例のまま)で外交交渉を推し進めようとするものであり、６は両国誠信の交わりを取り上げ、姑息主義(成り行きまかせ)で外交交渉を推し進めようとするものであり、７は荒っぽい遣り方を批判的に取り上げ、事なかれ主義で外交交渉を推し進めようとするものである。すでに話の次元が異なっており、これでは交渉として全く体をなさない。では、どうすれば良いのか。８は主君(御隠居様)の意向の確認、９は時差を考慮した連絡の徹底、１０は幕府の検閲に耐える交渉、１１は出先現場と本国との緊密な打ち合わせということである。当たり前のことで、これでは打開策にもならない。それゆえ交渉は暗礁に乗り上げた。

각서

이곳에는 이번 교섭의 문제점이 정리, 기록되어 있다. 항목 1부터 3에 조선 측의 방향성이 기재되고, 항목 4부터 7까지는 쓰시마 측의 방향성이, 그리고 8부터 11까지는 금후의 대응책이 기재되어 있다. 즉 조선 측의 1은 본서의 기제를 변경하지 않는다는 것, 2는 그것에 대해 상의하지 않는다는 것, 3은 반한수정을 행했기 때문에 전후의 상위는 문제 되지 않는다. 새로운 반한은 없는 것으로 한다. 제1차 교섭 때와 비교해, 조선 측은 좋게 말하면 의연한 태도, 나쁘게 말하면 완고한 태도로 변하였다. 그것에 대해 쓰시마 측의 대응은 졸렬하다. 그 4는 출연석의 유무를 문제 삼아, 형식주의(형식을 정리하는 것)로 외교교섭을 추진하려 하는 것이고, 5는 반한의 사본을 문제삼아, 선례주의(관례에 따르는 것)로 외교교섭을 추진하려고 하는 것이고, 6은 양국성신의 교류를 문제삼아, 고식주의(흐름에 맡기는 것)로 외교교섭을 추진하려고 하는 것이고, 7은 거친 방법을 비판적으로 문제삼아, 무사안일주의로 외교교섭을 추진하려고 하는 것이다. 이미 이야기의 차원이 달라, 이래서는 교섭으로서 전혀 모양새를 갖추지 못한다. 그러면 어떻게 하면 좋은가. 8은 주군(은거하신 분)의 의향을 확인하고, 9는 시차를 고려한 연락의 철저, 10은 막부의 검열에 대비한 교섭, 11은 출장소의 현장과 본국과의 긴밀한 상의라는 것이다. 당연한 일로, 이로는 타개책이 되지 못한다. 때문에 교섭은 암초에 부딪힌 것이다.

註３、南政丞の意見陳述

「南政丞の意見陳述があり、朝鮮の衆議は一変した」と言うのは話が逆である。粛宗二十年(元禄七年、一六九四)四月に政変(甲戌換局)があり、朝廷の衆議は一変した。そして日本への対応が変わったのである。その結果、南政丞の意見陳述となったのである。この粛宗の時代、何度も政変が起こっていた。次の如きものである。

一六八〇年、庚申換局で南人派が失脚し、西人派が執権

一六八九年、己巳換局で西人派が失脚し、南人派が執権

一六九四年、甲戌換局で南人派が失脚し、小論派が執権

남정승

「남정승의 의견 진술이 있어, 조선의 중의는 일변했다」라는 것은, 이야기의 수미가 반대로 된 것이다. 숙종 20(원록7, 1694)년에 정변(갑술환국)이 있어, 조정의 중의는 크게 변했다. 그리고 일본에 대한 대응이 변한 것이다. 그 결과가 남정승의 의견진술로 나타난 것이다. 숙종시대, 여러 번 정변이 일어났다. 다음과 같다.

1680년 경신환국으로 남인파가 실각하고 서인파가 집권.

1689년 기사환국으로 서인파가 실각하고 남인파가 집권.

1694년 갑술환국으로 남인파가 실각하고 소론파가 집권.

조선 당파의 흐름

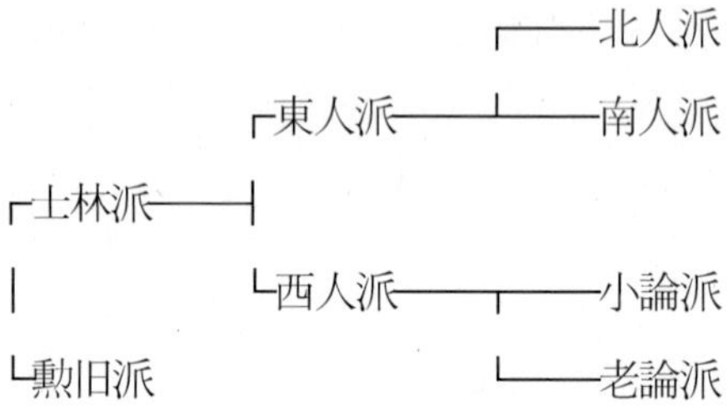

註4、申し入れをして、事の成らぬ筈は無い

このような安易な考えで、第二次使節が派遣された。対馬の側の見通しの甘さがある。そして強硬路線を突っ走ったから、その後、頓挫を来してしまった。第二次交渉は、いわば、やりすぎである。それが『通航一覧』の批評「是は対馬殿吟味過して、結局仕損しと政所にては申候」という言葉に繋がっていく。だが交渉では、どこで引くか、その判断は実際には難しい。対馬の国元は、まだ行けると踏んでいた。あくまでも思い込みではあるが、押して行けば朝鮮は必ず屈服すると見ていた。それゆえ交渉の事情を知る多田が、この第二次交渉においても、引き続き正官として起用された。それは国元の判断ミスである。多田自身は、さらに強硬に出ても、それで妥結するとは思っていない。多田は第一次交渉で引き出した先の返翰で、この度は、やむを得ないと考えていた。そのような人物に第二次交渉を命じたのは、対馬の側の失態である。そして多田自身にとっても不幸であった。彼の第二次交渉は、交渉の現場にあって迫力を欠いた。それは交渉のための拠り所となる手段を、もはや持ち合わせていなかったからである。手詰まりの彼を、対馬本国は無理矢理、

朝鮮へと送り込んだ。

사자의 재파견

이처럼 안이한 생각으로 제2차 사절이 파견되었다. 쓰시마 측의 안이한 예측이었다. 그리고 강경노선을 고수하였으므로, 그 후 좌절하고 만다. 제2차 교섭은 말하자면 과도한 일이었다. 그것이『통항일람』의 비평「이것은 쓰시마 님이 과하게 추중하여, 결국 실패한 정치라고 말할 수 있다」라는 말로 이어진다. 교섭에서는 어디서 물러날 것인가를 판단하는 것이 어렵다. 쓰시마의 국원은, 더 진전시킬 수 있다고 판단했다. 어디까지나 추정이지만, 밀어붙이면 조선이 반드시 굴복할 것으로 보고 있었다. 그렇기 때문에 교섭의 사정을 아는 타다가 제2차 교섭에서도, 계속해서 정관으로 기용되었다. 그것은 본국의 잘못된 판단이었다. 타다 자신은 더 강경하게 나가도, 그것으로 타결될 것으로는 생각하지 않았다. 타다는 제1차 교섭으로 이끌어낸 앞의 반한으로, 이번에는 어쩔 수 없다고 생각하고 있었다. 그러한 인물에게 제2차 교섭을 명한 것은 쓰시마 측의 실태였다. 그리고 타다 자신에 있어서도 불행이었다. 그의 제2차 교섭은, 교섭 현장에서 박력이 결여되어 있었다. 그것은 교섭을 위한 근거가 될 만한 수단을 가지고 있지 않았기 때문이다. 궁지에 몰린 그를 쓰시마 본국은 무리하게 조선으로 보냈다.

○同七年十月三日 異国之一艘出雲摩候得

ゞ之竹嶋渡海之通路ニ而相待居候処難候

播磨守官東來之御候よし

【大綱二六段(元祿七年十月①)】

(26-00)

○ 同七年十月三日与左衛門一行出宴席設行いたし今般渡海之返簡不相請取候而者難罷成旨接慰官東莱[江]論談在之

【大綱二六段(元祿七年十月①)】

(26-00)

○ 元禄七年十月三日、与左衛門一行の[出船のための]出宴席が執り行われた。この[宴席において、先年の返翰に対する修正を求めるだけではなく]今般渡海し[対馬から持参して来た新たな書簡に対しても、その]返翰を[いただきたいと、与左衛門は申し入れを行った。どうあっても、これを]請け取らなくては成らないと、そのような趣旨を接慰官や東莱府使に対し[申し掛け、そして互いに]論じ合った<註1>。

【대강 26단(원록 7년 10월①)】

(26-00)

○ 원록 7년 10월 3일에 요자에몬 일행의 [출선을 위한] 출연석이 이루어졌다. 이 [연석에서, 전년의 반한에 대한 수정을 요구했

을 뿐 아니라] 이번에 도해하며 [쓰시마에서 소지하고 온 새로운 서간에 대해서도, 그] 반한을 [받고 싶다고, 요자에몬은 요구했다. 어떻게든 이것을 청취하지 않으면 안 된다는, 그러한 취지를 접위관과 동래부사에게 [말해, 서로] 논쟁하였다.

一 是迄毎歳九月十八日於旧館於今度入館ニ付
都船主以橋應接候得共上官人ゟ申立候ニ付延議
之段ニ付限中緩々ニ被遣候一難
之儀御座候ニ付何茂一同任旧例諸事
而延置館守元殿下也可申之文
之趣被仰付候得共右之趣ニ付
相極明元九日出船役人中ゟ大清

(26-01)

〃是より前九月廿八日朴同知朴僉知入館ニ付都船主ヲ以接慰官江之口上両人江申達候ハ返翰之儀ニ付段々申結候得共御注進難被成旨被仰切候上者可仕様無之請取候御返簡持帰り兎角国元より之了簡ニ而又不被申越候而者埒明間敷与存候付帰国ニ相極明廿九日出宴席致し候筈ニ申談置

(26-01)

〃是より前の九月二十八日、朴同知と朴僉知とが入館して来た。そこで[正官から]接慰官へ向けての口上を、都船主を介し、両人へ申し伝えた。それは以下のようなことである。返翰の事に付いて色々と遣り取りし[交渉を]行ってきた。だが御注進はもうできないとの趣旨が[接慰官から、こちらに]伝えられた。そのように断言されてしまった以上、もうどうにも仕方がない。[今回、新たに]請け取った返翰を持ち帰り、兎も角も国元での意見を聞きたいと思う。その上で[改めて御指示を]受けなければ、もう埒が明かない。そのような事になってしまった<註2>。それゆえ帰国を決意し、明日二十九日にも出宴席を行う手筈にしたい。

(26-01)

〃 이보다 전인 9월 28일에 박동지와 박첨지가 입관했다. 그래서 [정관이] 접위관에게 하는 구상을, 도선주를 중개로 해서 두 사람에게 전했다. 그것은 이하와 같은 것이다. 반한에 대해 여러 가지로 주고받으며 [교섭을] 행해 왔다. 그러나 주진은 이미 할

수 없다는 취지가 [접위관으로부터 이쪽으로] 전해졌다. 그렇게 단언해 버린 이상, 이미 어떻게 할 방도가 없다. [이번에 새로] 청취한 반한을 가지고 돌아가, 어쨌든 본국의 의견을 들으려고 한다. 그 후에 [다시 지시를] 받지 않으면 해결이 안 된다. 그러한 일이 되고 말았다. 그렇기 때문에 귀국을 결의하고, 내일 29일에라도 출연석을 행했으면 한다.

竹嶋難成候旨[illegible]申渡返答[illegible]
可被[illegible]竹嶋[illegible]来ニ付[illegible]難[illegible]国
ニ而[illegible]返答[illegible]相違[illegible]
[illegible]
[illegible]一[illegible]
[illegible]返答[illegible]
[illegible]

候得共一昨夜国元より飛船到来侍共罷越今度持渡之返簡無之由不及覚悟儀ニ候如何様ニ候而も此返翰不請取候而ハ帰国難成候間其旨申談返簡請取候而可致帰国由申来候依之宴席難相調候間御返簡下り候迄者相延申候其節迄接慰官御待様ニ与申遣ス

そのように[一旦そちらに]申し伝えておいた。だが一昨夜、国元から飛船が到来した。[乗船していた]侍共(河内益右衛門の一行)が罷り越して言うことには、今度[対馬から]持ち渡った[新たな]書簡に対し、返翰が無いようでは話しに成らない。どのような事情であろうとも、この返翰を請け取らぬままでは、帰国は罷り成らぬと、そのような趣旨を申し伝えて来た。[どうあっても]この返翰を請け取ってから帰国をするべきであると、そのように伝えて来た。こうなっては出宴席を調えることは難しい。[新たな]御返翰が下るまで[出宴席はもう]繰り延べとする。その節までは接慰官も[御帰京を]御待ちになる様にと[あちらに]申し伝えた<註3>。

그렇게 [일단 그쪽에] 전해두었다. 그러나 그저께 밤에 본국에서 비선이 도래했다. [승선해 있던] 사무라이들(카와치 마스에몬 일행)이 와서 말하기를, 이번에 [쓰시마에서] 가지고 건넌 [새로운] 서간에 대해, 반한이 없어서는 말이 안 된다. 어떤 사정이 있다 해도, 이 반한을 청취하지 않으면 귀국할 수 없다는, 그러한 취지를 전해 왔다. [어떻게 해서라도] 이 반한을 청취하여 귀국해야 한다고, 그렇게 전해 왔다. 이렇게 되면 출연석을 준비하는 것은 어렵다. [새로운] 반한이 내려올 때까지 [출연석은 어쩔 수 없이] 연기해야 한다. 그때까지는 접위관도 [귀경을] 기다려 달라고 [저쪽에] 전했다.

一 同月廿九日朴同知朴僉知入館、裁判屋ニ
通詞都船主ハ中山加兵衛方ヘ飛船之来
今般御書翰之返翰請来不調候ハ
御返書難成儀ニ付、此中来候付而返簡参候ハヽ
是ハ出家奉候而相違ニ候、可更与相認様ニと
申候得共、御隠居様ゟ前以申入候様ニ返簡之内請取
不申儀ニ候、東萊ニ而御一覧被成、京都

(26-02)

〃同月廿九日朴同知朴僉知入館接慰官より之返答都船主江申聞候ハ御国より飛船到来今度御持渡之返簡御請取不被候へハ御帰国難被成由申参候付而返簡下り候迄ハ出宴席被相延候間夫迄相待候様ニ与被仰聞承届候前以申入候様ニ返簡御請取不被成候者東莱江渡し置致帰京候様

(26-02)

〃九月二十九日、朴同知と朴僉知とが入館し、接慰官からの返答を、都船主へ申し伝えてきた。すなわち、御国から飛船が到来し[新たな御命令があったとの事をお聞きした。]この度[対馬から]持ち渡った[書簡に対し、朝廷からの]返翰を、ここで御請け取りに成らなければ[正官殿の]御帰国は難しいと、そのような事をお伝え下さった。それゆえ返翰が下る迄は出宴席を繰り延べるので、それ迄[接慰官も東莱で]待つようにと、そのような事をお伝え下さった。その御趣旨については承ったが、前もって申し入れておいたように[今回の]返翰を[そのまま正官殿が]御受け取りに成らなければ、それを東莱へ渡し置き、そのまま帰京致すようにと

(26-02)

〃9월 29일에 박동지와 박첨지가 입관하여, 접위관의 반답을 도선주에게 전해왔다. 즉 본국에서 비선이 도래하여 [새로운 명령이 있었다는 것을 들었다.] 이번에 [쓰시마에서] 가지고 건너온 [서

간에 대한 조정의] 반한을, 여기서 받지 않으면 [정관님의] 귀국이 어렵다는 것, 그 같은 일을 전해주셨다. 그렇기 때문에 반한이 내려올 때까지는 출연석을 연기할 것이므로, 그때까지 [접위관도 동래에서] 기다려 달라고, 그러한 일을 전해주셨다. 그 취지에 대해서는 들었으나, 전에도 말했듯이 [이번의] 반한을 [그대로 정관님이] 수취하시지 않으면, 그것을 동래에 두고 그대로 귀경한다고

中華ゟ真こ々へ出府相延滞留仕候
旧冬より致候ニ付当ゟ中へ入り候様去年
今年務通し申通事今般参り候て一通し
返答ニ付猶以候様仕通候今般申致候し
書簡ハ差送し候様ニ付候別紙来春迄
下り居中ハ敢ゟ可無中申付へ候以上
返留下り候　ニ致其所江出府

申来たる事ニ候へハ出宴席相延滞留仕候儀決而不罷成儀ニ候兼而申入候様ニ去年今年両通之御返事今度差下シ候一通之返簡ニ而埒明候様ニ仕置候今度御持渡之書簡ハ差返シ候様ニ与之儀ニ而別幅共ニ東莱江下り居申候都より右之通申来候へハ此上返簡下り候儀不存寄候廿九日出宴席

[こちらは朝廷から]申し伝えられている。それゆえ出宴席を繰り延べてみても、それによって、さらに[接慰官が東莱に]滞留するようなことは、決して罷り成らぬ事である。兼ねてから申し入れて置いた様に、去年と今年、両通りの[御書簡に対する]御返事を、この度一通の返翰として差し下している。しっかりと区切りの付く様な内容で記載がなされている。[それゆえ]今度[対馬から]御持ち渡りの書簡に対しては[もう返答する事は不要である。そのような御要望は]差し返す様にとの事である。[今回お渡しする返翰と]別幅とは、共に東莱へ[既に]下っている。都からは右の通りに申して来た。もうこの上に、さらに返翰が下ることは無い。二十九日に出宴席を

[이쪽은 조정에서] 전달받았다. 그렇기 때문에 출연석을 연기해 보아도, 그것으로 [접위관이 동래에] 더 체류하는 일과 같은 일은 결코 있을 수 없다. 전부터 말해 두었듯이, 작년과 금년의 두 통의 [서간에 대한] 답서를, 이번 1통의 반한으로 해서 내려주었다. 분명히 구별할 수 있는 내용으로 기재되어 있다. [그렇기 때문에] 이번에 [쓰시마에서] 가지고 온 서간에 대해서는 [다시 반답하는 일은 필요없다. 그러한 요망은] 반려하라는 것이다. [이번에 양도할 반한과] 별폭은 모두 동래에 [이미] 내려와 있다. 도성에서는 위와 같이 말해 왔다. 이 이상 다른 반한이 내려오는 일은 없다. 29일에 출연석을

相滞十月六日發足仕置候ニ付日限相極
被請候處其後ニ至り一日も滞留
申候段ニ付明朝ゟ發足之仕置相定置候而
催促之書翰發足之貴國裁判事於東
右之通裁判到船之上ニ而申候ニ付延滞
申来候ニ付其段承知之通掛合候得共延留
請合候上ニ而御例相済申候得ハ出帆
日限相定ニ付頃日迄延候分右之通申上候

相済十月二日発足仕筈ニ候与日限相極致注進候得者益無之所ニ一日も滞留如何ニ存候付明朔日発足仕筈ニ相定候由ニ而暇乞之書簡ニ発足之音物両判事持参右之通裁判都船主を以申聞候付返答申遣候ハ兼而御存知之通拙子儀者御返簡請取候上ハ法例相済申覚悟ニ而出宴席日限相定候得共国元より右之通申来候上ハ

相済ませ、十月二日[に正官殿は帰国の途に就き、和館を]出発する予定であると、そのように日限は決定している。それを[既に都へも]注進している。[接慰官にしても]もはや益も無い所に、一日たりとも滞留するようなことは[無意味である。敢えて留まるのも]如何かと思うので、明日の朔日[京へ向けて]出発する手筈に定めた<註4>。[このような伝言と共に]お暇乞いの書簡と、出発に際しての音物(進物)とを、両判事が[こちらに]持参してきた。この右の通りの事を、裁判および都船主を介して[こちらに]申し伝えて来た。そこで[接慰官に宛てた正官からの]返答を[彼らに]申し遣わした。すなわち、兼ねてから御存知の通り、拙者が御返翰を請け取った以上、その後の儀礼は前例の通りに済ます覚悟で、出宴席の日限を定めた。だが国元から右のような御命令が出た。そのような御命令がある以上、

마치고, 10월 2일[에 정관님은 귀국 길에 올라 화관을] 출발할 예정이라고, 그렇게 일정은 정해져 있다. 그것을 [이미 도성에도] 주진했다. [접위관도] 더 이상 일도 없는 곳에, 하루라도 체류하는 일은 [의미가 없다. 일부러 머무는 것도] 의미가 없다고 생각하기 때문에, 내일 초하루에 [경을 향해] 출발하는 것으로 정해졌다. [이와 같은 전언과 더

불어] 이별의 서간과 출발을 기한 선물을, 양판사가 [이쪽에] 지참해 왔다. 위와 같은 일을 재판 및 도선주를 통해 [이쪽에] 전해 왔다. 그래서 [접위관에게 보낸 정관의] 반답을 [그들에게] 보냈다. 즉 전부터 알고 있듯이 졸자가 반한을 청취한 이상, 그 후의 의례는 전례에 따라 마칠 각오로 출연석 일정을 정했다. 그러나 본국에서 위와 같은 명령을 내렸다. 그러한 명령이 있는 이상,

而後被仰候ハヽ出寄席相渡候て夜ニ入
罷留候而ハ二十餘日も船掛り延留之儀ニ付
候ニ付隨分ニ付可被成候間夜ル候ヘハ相待
中ニ而も風中ニ裁判並船主ハ裁判ニ罷出
中ニ而ハ出寄席相渡シハ橋邊宿ニ相勤
相渡シ候而ハ便宜候處ニ付候段被申候朝廷ニ而
存候人合ニ付候ても恰合可致出寄席ニ相渡候ハヽ

可致様無之候出宴席相済候而者爰元滞留如何ニ存候兎角此返簡請取不申候而者帰国不罷成候間下り候迄者相待申候之由申遣ス裁判都船主江両判事咄申候ハ出宴席相調候へハ接慰官始終之勤相済首尾宜候故被致帰京候而朝延方江被申含候も恰合能出宴席不相調候而ハ

もうどうしようも無い。出宴席が済んでしまっては、この地に滞留することは如何かと思うので[この際、出宴席を延期する。]兎も角も[今回、対馬から持参した書簡に対する]返翰を請け取らないままでは、とても帰国できない。それが下るまでは、待つことにする。このような事を申し伝えた。すると両判事が、裁判や都船主へ話し出した事は[次のような事である。すなわち]出宴席を調えてしまえば、接慰官は始終の勤めを果たした事になり、その首尾は宜しいとなる。その結果、帰京して支障なしと、朝廷方から許可が出るのだという。だが都合よく出宴席を調えなくては[本来の役目を果たしたことにならず、なおこの地に]

이미 어떻게 할 수 없다. 출연석이 끝나버리면, 이 땅에 체류할 수 없다고 생각하기 때문에 [이번 출연석을 연기한다.] 어쨌든 [이번에 쓰시마에서 지참한 서간에 대한] 반한을 청취하지 않은 채로는, 아무래도 귀국할 수 없다. 그것이 내려올 때까지 기다리기로 한다. 이 같은 일을 전했다. 그러자 양판사가 재판과 도선주에게 말한 것은 [다음과 같은 것이다. 즉] 출연석이 끝나버리면, 접위관은 시종의 임무를 수행한 것이 되어, 그 입장은 좋게 된다. 그 결과 귀경해도 지장이 없다고, 조정의 허가가 나온다 한다. 그러나 원만하게 출연석을 마치지 않으면 [본래의 역할을 수행한 것이 되지 않아, 계속 이곳에]

引續も有之候ヘハ、いか様申達候ニも如何様之難及
申出之儀も有之候ニ付出席を致候て
可被有之候ニ付、[illegible]少々[illegible]相済
之候而ハ、御用之儀出來候迄ハ延引可致候ニ付
可有之候、中ニ来候ハ出席、出席相済候而ハ
可有之候ニ付而ハ出席[illegible]延着
申上候

引残も有之候へハ被申達候ニも心程ニ難被申首尾も有之候出宴席被成候ハヽ宜儀有之候事心当御座候是非被相済候へかし与色々内意咄候へ共返簡下シ候儀不罷成与申来候時出宴席相済候而者弥不首尾ニ候間出宴席相済間敷旨返答申遣ス

引き残る事も[大いに]有り得ることである。[今回このように延期を]申し伝えられたからには、その[接慰官の]心境には口惜しいという無念の思いが残っている筈である。だから、もしも出宴席が執り行われたならば[接慰官は大いに感謝し、その後の交渉の進展に、大いに協力することであろう。必ずや]宜しいことがあるに違いない。そのような心当りがあるので、是非この際[出宴席を]済ますようにしていただきたいと、そのように色々と内情を話してくれた。だが[どうあっても]返翰は下る事は無いと、そのように言い切っている以上、出宴席が済んでしまえば[今度の交渉は全て終了である。その結果を考えれば]いよいよ[こちらにとっては]不首尾というものである。それゆえ[今の段階で]出宴席を済ますわけにはいかない。そのような趣旨の返答を[あちらに]申し伝えた。

남는 일도 [충분히] 있을 수 있는 일이다. [이번에 이처럼 연기를] 전달하였으므로, 그 [접위관의] 마음에는 분하다는 무념의 생각이 남아 있을 것이다. 그러므로, 혹시라도 출연석이 거행되었다면 [접위관은 크게 감사하며, 그 후의 교섭에 진전이 있도록 크게 협력할 것이다. 분명히] 좋은 일이 있을 것이다. 그와 같은 생각이 있으므로, 반드시 이번의 [출연석을] 마칠 수 있도록 해주었으면 한다고, 그렇게 여러 가지로 사정을 이야기해 주었다. 그러나 [어떻게 해도] 반한은 내려오지 않을 것이라고 그렇게 단언한 이상, 출연석이 끝나버리면 [이번 교섭은 모두 종료된다. 그 결과를 생각하면] 점점 [이쪽은] 불리한 것이다. 그래서 [지금 단계에서] 출연석을 마칠 수는 없다. 그러한 취지의 반답을 [저쪽에] 전했다.

一、十月朔日朴同知・朴僉知両人方江被相招
申達候ハ、出帆相勝候ニ付滞留ニ而も
ハ取持渡り之送使者先頃之通ハ滞留ニ而も
差障候ニ付相調可申候処彼是被為置候之
申達候而彼是東萊大切ニ付被成候様
之通面談候尚又申達候様候処御国
呉ニ申達朝廷方ゟ委細之儀申達相成候
存候付而出帆一両日延引申来

(26-03)

〃十月朔日朴同知朴僉知与左衛門方江相招申達候ハ出宴席相済候而者滞留如何ニ候故持渡り之返簡請取候迄ハ滞留之覚悟ニ而相調間敷由昨日接慰官江申達候然共両国大切此時ニ至候儀存分之通面談ニ不申達儀残念ニ候間懸御目具ニ申達朝廷方江委細被仰達候様ニ与存候付而出宴席可仕旨申遣ス

(26-03)

〃十月朔日、朴同知と朴僉知とを与左衛門方に招き[彼らに以下の事を]申し伝えた。すなわち、出宴席を済ませてしまっては[その後の使者の]滞留は[意味をなさず]どうかと思うので、持ち渡った[書簡に対する]返翰を受け取るまでは[この地に]滞留の覚悟で[居続けることにする。それゆえ出宴席を、まだ]調えることは出来ない。このような事を、昨日接慰官に[貴殿たち両判事を介して]申し伝えた。しかし両国の[友誼交流の]大切さが[このような事で、なおざりになってはならない。だがその長年に亘り培ってきた誠信交隣は、今や破綻寸前]の時期に立ち至っている。それゆえ[そのような事を回避するため、拙者が]考える所の事を、その通りに[そちらに伝え無いわけにはいかなくなった。ここは是非とも接慰官に]面談し[両国の友誼交流の大切さを、ここで今一度]申し伝えぬ[わけには行かない。そのような機会を逃す事は]残念に思うので[ここは何としても]御目に懸かり[このことを]具に[接慰官に]申し伝えたいと思う。[その上で、接慰官から]朝廷方へ[破綻とならぬよう、ことの]委細を御報告なさるよう[お願いしたい。]そのように思う[に至ったゆえ、ここで]出宴席を行うことに致したい。[このような考え]の趣旨を[接慰官へ伝えるよう、彼らに]申し遣わした<註5>。

(26-03)

〃10월 초하루에 박동지와 박첨지를 요자에몬 쪽에 불러 [그들에게 이하의 일을] 전했다. 즉 출연석을 끝내버리면 [그 후 사자의] 체류는 [의미 없는] 것으로 생각하기 때문에, 지참해 온 [서간에 대한] 서간을 수취할 때까지는 [이곳에] 체류할 각오로 [눌러앉기로 한다. 그래서 출연석을, 아직] 거행할 수 없다. 이 같은 일을 어제 접위관에게 [당신들 양판사를 통해] 전했다. 그러나 양국이 [우의교류하는] 소중한 일이 [이 같은 일로 소홀해져서는 안 된다. 그러나 그렇게 긴 시간에 걸쳐 쌓아온 성신교린이, 지금은 파탄 직전]의 시기에 이르렀다. 그렇기 때문에 [그 같은 일을 피하기 위해 졸자가] 생각하는 것을, 그대로 [그쪽에 전하지 않으면 안 되게 되었다. 여기서는 필히 접위관과] 면담하여 [양국의 우의교류가 중요하다는 것을, 여기서 다시 한 번] 전달하지 [않으면 안 된다. 그러한 기회를 놓치는 것은] 유감스럽기 때문에 [여기서 어떻게든] 만나뵙고 [이 일을] 자세히 [접위관에게] 말씀드리고 싶다고 생각한다. [그런 후에 접위관이] 조정 쪽에 [파탄되지 않도록, 일을] 자세히 보고하실 것을 [부탁하고 싶다.] 그렇게 생각[하게 되었기 때문에, 여기서] 출연석을 행하는 것으로 하고 싶다. [이러한 생각]의 취지를 [접위관에게 전달할 것을, 그들에게] 말해 보냈다.

〻同月二日朴同知入館 裁判江申候ハ昨日
正官ゟ得御意候通 接慰官江ハ東萊ゟ被
大抵差支無之候て 明三日出宴席可
仕旨 接慰官ゟ申候由申候ニ付 正官方ゟ之
相招候処書面深明日出宴席可相
調旨返 答申達

(26-04)

〃 同月二日朴同知入館裁判江申聞候ハ昨日正官被仰聞候通接慰官江申達候所被致大悦差支無之候ハヽ明三日出宴席可仕旨接慰官被申候与之儀ニ付正官方へ両人相招遂対面弥明日出宴席可相調旨返答申遣

(26-04)

〃 十月二日、朴同知が入館し、裁判へ申し伝えた事は、昨日、正官から仰せ聞かされた通りを、接慰官へ申し伝えました。すると大変に悦ばれ[出宴席を設け、執り行うに、今、何の]差し支えも無い。[ならば早速]明日三日にも出宴席を致そう。そのような趣旨を接慰官が申されていたと、ここで語って来た。それゆえ正官方へ両人を招き[正官と]対面を遂げ、いよいよ明日、出宴席を調えるべき旨の返答を[彼らに]申し伝えた。

(26-04)

〃 10월 2일에 박동지가 입관하여 재판에게 전한 것은, 어제 정관이 말씀하신 대로 접위관에게 전달했습니다. 그러자 매우 기뻐하며 [출연석을 열고 진행하는데, 아무런] 지장이 없다. [그렇다면 빨리] 내일 3일에라도 출연석을 하도록 하자. 그러한 취지를 접위관이 말씀하셨다고, 이렇게 말해 왔다. 그래서 정관 쪽에 양인을 불러 [정관과] 대면하여, 결국 내일 출연석을 치룬다는 내용의 반답을 [그들에게] 전했다.

ハ
十月二日出帆之節ニ付接慰官東萊府
江出於大廳例之通謁式相済候而座罷
其後官吏人ゟ日本並細相係與存候方ゟ
接慰官東萊府ゟ申達候ハ今般於揃候ニ
御返簡無之ニ付而願申達候ハ二度之
成候御返翰之趣ニ而藏ゟ相伺申來候
而候申ハ此方ゟ被成候味之ハ貴方二度返し
御返翰ニ而受候此方ゟ申候ハ附之
格別之儀申入候處相伺ゟ思召無之候ハ

(26-05)

〃十月三日出宴席ニ付接慰官東莱被罷出於太廳例之通礼式相済平座之節差備官両人江日本通詞相添与左衛門方より接慰官東莱江申達候ハ今度持渡り之御返簡無之ニ付其段申達候へハ二通之書簡御返答壱通ニ被成候旨都より申来候由被仰聞候此方ニ而致吟味候へハ曾而二通之御返翰ニ而無之候此段為可申談不時之接待之儀申入候へ共都より御差図無之候へハ

(26-05)

〃十月三日、出宴席に付き、接慰官と東莱府使が罷り出られ、大庁に於いて例の通り儀礼の式典を相済ませた。その後、平座となって差備官の両人へ日本の通詞が付き添い、与左衛門の方から接慰官と東莱府使に向け[用件を]申し伝えた。[それは次のような事である。]今度持ち渡った書簡に対し[未だ]御返翰が無い。それに付いて、その事を[そちらに]申し伝えたところ、二通の書簡に対し、その御返答は[併せて]一通に成っているとの御趣旨を都から申し伝えてきたと、そのように聞かされた。こちらで[今一度]吟味して見たが、やはり二通の御返翰[であるべきである。だが実際は]そうでは無い。この事を[さらに]相談しようとして、臨時の会談を申し入れた。だが都からの御差図が無ければ

(26-05)

〃10월 3일의 출연석에서 접위관과 동래부사가 나오셔서, 대청에

서 통상대로 의례 식전을 마쳤다. 그 후 평좌하여 차비관 두 사람에게 일본의 통사가 붙어, 요자에몬이 접위관과 동래부사에게 [용건을] 전했다. [그것은 다음과 같은 것이다.] 이번에 가지고 온 서간에 대해 [아직] 반한이 없다. 그것에 대해 그것을 [그쪽에] 전하자, 2통의 서간에 대해 그 반답은 [합하여] 1통으로 했다는 취지를 도성에서 전해 왔다고, 그렇게 들었다. 이쪽에서 [지금 다시] 확인해 보았지만, 역시 2통의 반한[이어야 한다. 그러나 실제로는] 그렇지 않다. 이 일을 [다시] 상담하기 위해 임시회의를 요구했다. 그러나 도성의 지시가 없으면

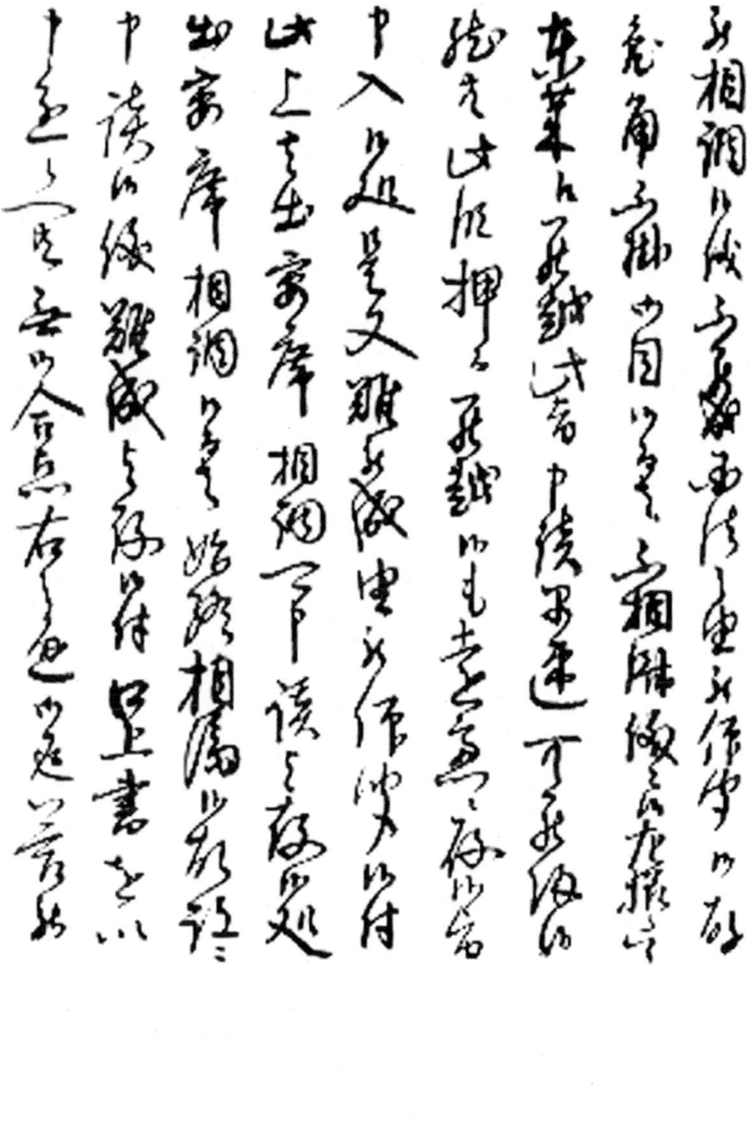

被相調候儀不罷成国法之由被仰聞候故兎角不掛御目候而者不相済儀ニ候左様候ハヽ東莱江罷越此旨申談早速可罷帰候然共此段押而罷越候も遠慮ニ存候旨申入候処是又難被成由被仰聞候付此上者出宴席相調可申談与存候処出宴席相調候而者始終相済候故跡ニ申談候儀難成与存候付口上書を以申進候へ共無御合点右之通御返答被

[その会談は]調えることができないと言う。そのような国法であることを[またもや]聞かされた。兎も角も御目に掛かって[この事の]御相談をしなければ済まぬことである。そのようであるので東莱へ[直接]押し掛け、この旨を談じ合い、早速罷り帰ろうとも思った。しかし、そのように押し掛けて行っても[やはりそれは国法に背くことであり、ここは]遠慮するべきと思った。この[罷り越してまで話し合おうとする]思いの趣旨を[是非、聞いて貰いたい。そのように、そちらへ]申し入れたところ、これ又[そのような事は]成り難い事であると[やはり]聞かされてしまった。この上は出宴席を相調え[その宴席の場で、この思いを]語るべきと思った。だがそのように出宴席を調えてしまっては[交渉の]始終は、もうすっかり済んでしまった形になる。すると、その後にあって会談するなどは[もう一切]成り難い事になってしまう<註6>。そのように思ったので[先ずは]口上書を以て[この御相談を]申し進めたのである。だが[これに対しても、そちらの]御合点は無く、右の通りの[罷りならぬという]御返答を

[그 회담은] 열 수 없다고 한다. 그것이 국법이라는 것을 [또] 들었다. 어쨌든 만나뵙고 [이 일을] 상담하지 않으면 안 된다. 그렇기 때문에

동래에 [직접] 요구하여, 이 내용을 협의하여 빨리 돌아가려고 생각했다. 그러나 그렇게 요구해 보아도 [역시 그것은 국법에 어긋나는 일이라, 이것은] 삼가야 한다고 생각했다. 이렇게 [오신 이상 이야기하는] 생각의 취지를 [꼭 들어주었으면 한다. 그렇게 그쪽에] 요구하자, 이것 역시 [그러한 일은] 하기 어려운 일이라고 [역시] 듣고 말았다. 이래서는 출연석을 준비하여 [그 연석 장소에서, 이 생각을] 이야기해야 한다고 생각했다. 그러나 그렇게 출연석을 거행해 버리면 [교섭의] 시종은, 이것으로 완전히 끝나는 형태가 된다. 그러면 그 후에 만나 회담하는 일 등은 [다시] 할 수 없는 일이 되고 만다. 그렇게 생각했기 때문에 [우선] 구상서로 [이 상담을] 요구했던 것이다. 그러나 [이것에 대해서도 그쪽의] 동의는 없고, 위와 같이 [안 된다는] 반답을

仰越候趣承候得共式延覚不少
之節候ニ付度候右之旨急度御挨拶
可被下候様ニ致候処右延覚
之節ハ朝鮮御書簡延著之段右之
右之儀御使者ニ被仰聞候事右之儀被
子細を御承知被成候通可申聞之趣
相伺候内日本之御用ニも被仰聞候處ニ
存候ニ付朝鮮御延覚別帳之通被仰付
候之旨朝鮮御延引可被下候ハ、御使者ニ被成候

仰越候如何様ニ有之候而も此返簡下り不申候而者不叶事ニ候間急度御注進被成下り候様ニ被成候へと申達候処返答被申候ハ御持渡候書簡返書之儀先頃より茂被仰聞候都より申来候通欝陵嶋之子細を書載候上者弐通之御書簡壱通ニ相認候同前ニ候如何ニも都より申参候儀尤ニ存候御持渡り之返簡別幅共ニ下り居申候之間御持戻り被成候へ被仰聞候趣致

いただくだけであった。どのようで有っても、この[今回の]御返翰が下って来ないと[こちらは]叶わぬ事である。それゆえ必ず[都へ]御註進なさり、御返翰が差し下されるよう[朝廷に]申し上げて貰いたい。そのように伝えたところ[接慰官は以下のように]返答を申された。すなわち、御持ち渡りになった書簡について、その返書の[御要望の]事は、先頃から聞き知っている。だが都から申し伝えて来た通り、欝陵嶋の子細を書き載せた上は、二通の御書簡を一通にしたため[二通への返翰と]同前の形に整えてある。[このように]都から申し参った事は如何にも[その通りで、私も]尤に思う所である。御持ち渡りの[書簡に対する]返翰[となっており]そして別幅が共に[ここに]差し下されて居る。それゆえ[この返翰を、もう]御持ち帰りになって[御国へ]お戻り下さい。お申し出になった御趣旨は

받을 뿐이었다. 어떠한 일이 있어도 [이번의] 반한이 내려오지 않으면 [이쪽은] 어찌할 수 없다. 그렇기 때문에 반드시 [도성에] 주진하시어, 반한이 내려오도록 [조정에] 보고해 주었으면 한다. 그렇게 전하자 [접위관은 이하처럼] 답하셨다. 즉 가지고 온 서간에 대해, 그 반서를 [요구한다는] 것은 전부터 들어 알고 있다. 그러나 도성에서 전해온

대로 울릉도의 내용을 기재한 이상, 2통의 서간을 1통으로 기록하여 [2통에 대한 반한으로] 같은 형태로 정리하였다. [이렇게] 도성에서 말해온 것은 참으로 [맞는 말로, 나도] 당연하다고 생각하는 바이다. 가지고 온 [서간에 대한] 반한[으로 되어 있고] 또 별폭이 함께 [여기에] 내려와 있다. 그렇기 때문에 [이 반한을 이제는] 가지고 돌아가서 [본국으로] 돌아가 주십시오. 말씀하신 취지는

須遠御座候而も 被仰中写蔵候得共 御使又

申達候ハヽ 接慰官ゟ御挨拶[illegible]今日ハ

御事ニ候 少分[illegible]御相談ニ而[illegible]

未此方中分之ゟ 御挨拶[illegible]

書翰も朝鮮ゟ被[illegible]而御挨拶[illegible]

存候而御請[illegible]書翰別幅共ニ 持参[illegible]

御挨拶[illegible]御[illegible]候而 [illegible]

使者[illegible]返事[illegible]

御座候事[illegible] 接慰官[illegible]

注進候而も埒明申間敷旨被申候付又申達候ハ接慰官被仰様共不存候至今日者弥事を御聞分御相談被成儀御誠信ニ候　未此方申分を被仰掠候与存候弐通之書簡者朝鮮江被請取候而之被仰様ニ而候左候ハヽ御請被成候書簡別幅共ニ持戻り候様ニ与被仰候儀者如何様之事ニ候哉使者持渡り之文之返事不請取致帰国候儀無之事ニ候接慰官日本江御渡海

[さらに都に]注進しても、もはや埒の明くような事には、到底ならない。そのような事を[接慰官は]申された。そこで又[こちらも再度]申し伝える事にした。[すなわち、そのような御回答は]接慰官ともあろう方の話される事とは思えない。[出宴席を開く事となり]今日に至ると言う事は、いよいよ事を聞き分け[互いに]相談する事が了解されたからであろう。これは[両国]御誠信[の上で極めて大切な事]である。[だが、そうでは無いとして]こちらの言い分を、ただ聞き流すだけで、未だ[了解に至っていないことは、聞き入れる事はできない。すなわち拒絶する]という事であろう。[御誠信の上から言えば、そうであってはならないことである。]二通の[こちらからの]書簡は[正式に]朝鮮へ請け取られ[その回答としては、礼を失した省略の一通として返すような形の、今回の]お返事であった。そのような[二通を一通とする]御請けの書簡と[それに付けた]別幅とを、共に持ち戻る様にとお話し下さったが、それはいったい如何様なお考えからの事であろうか。使者が持ち渡った[正式の二通の]文の返事は[正式に二通とならなくてはならない。そうでなければ正式に返事を]請け取り[首尾を果たして]帰国という事に、とてもならないではないか。接慰官が、もし日本へ御渡海となったならば、

[다시 도성에] 주진해도, 이미 기대에 부응할 일은 도저히 일어나지 않는다. 그와 같은 일을 [접위관은] 말씀하셨다. 그러자 또 [이쪽도 다시] 말하기로 했다. [즉 그러한 회답은] 접위관이라는 분이 이야기하실 것은 아니라고 생각한다. [출연석을 여는 일이 되어] 오늘에 이르렀다는 것은, 자세히 일의 내용을 듣고 [서로] 상담하기로 양해했기 때문일 것이다. 이것은 [양국]의 성신[에 있어 아주 중요한 일]이다. [그러나 그렇지 않다며] 이쪽에서 말하는 것을 그저 흘려 들을 뿐, 아직까지 [이해하지 못했다는 것은 받아들일 수 없다. 즉 거절한다]는 것일 것이다. [성신의 입장에서 말하자면, 그래서는 안 되는 일이다.] [이쪽에서 보낸] 2통의 서간을 [정식으로] 조선이 청취하여 [그 회답에서 예를 어기고 생략하여 1통으로 답하는 것과 같은 형식의, 이번의] 답변이었다. 그처럼 [2통을 1통으로 해서] 받은 서간과 [그것에 첨주된] 별폭을 같이 가지고 돌아가도록 말씀하셨으나, 그것은 도대체 어떤 생각으로 하신 일인가. 사자가 가지고 온 [정식 2통의] 서간의 답은 [정식으로 2통이 되지 않으면 안 된다. 그렇지 않으면 정식으로 답을] 청취해 [임무를 수행하고] 귀국하는 일은 도저히 되지 않는다. 접위관이 만일 일본에 도해하게 되었다면,

唯今之首尾ニ而ハ御返答可申様無御座候
由申入有之ハ急度被仰達可申處ニ
右之通ニ候得共御使者被遣候様子ニ而
有之大殿へ被仰候ハ於爰許ニ留置候
而延引ニ付清書ニ而ハ難成候延引
可承候得者延引之上無御座候
唯今之ニても御使者仕立ニハ是非ニ而延引
難成とも其元ニ無御座延引仕候
有之候今ニ及候清書ニ而延引仕候

唯今之首尾ニ而御帰国可被成哉則御誠信之御心入有之ハ急度御注進可被成事ニ候を右之通被仰聞候儀先接慰官拙子との間ニ大成不誠信有之候持渡り候書簡之御返答不請取候而者難成儀能御了簡可被成候御返簡壱通ニ再渡之儀有之候ハヽ唯今ニ而も帰国仕事ニ候是非御返簡弐通とも望不申候再渡之返簡御書込壱本ニ被成今度請取候御返簡御

この唯今の首尾で、果たして御帰国に成られるのであろうか。則ち御誠信のお気持ちが有るとするなら、必ず、この[理不尽な扱いについて]御注進が成されなければならない。だが右の通りの[くい違いを、拙者に]お聞かせ下さったのは[今回だけのことだけではない。]先[にも同様の事があった。]接慰官と拙者との間には、大層、不誠信[な交渉]が有った。[御自覚なさっておられる事と思う。]ともあれ[拙者が]持ち渡った書簡に対する御返答を[こちらが]請け取らぬままでは[この交渉は]成り難い。そのようなことを、よく御理解下さるべきである。御返しした書簡一通に、再度持ち渡った書簡一通[それぞれに対する御返翰が]有れば、唯今でも帰国するつもりである。だから是非、御返翰[を二通いただきたい。ただなんとしても]二通をと拘るわけではない。再度お渡し下さった返翰に[新たに一項目を付け加え、ここに]御書き込みいただいてもよい。[すなわち二通の形に内容を整え、それが]一本に成ったものを、今度、請け取った御返翰と御

바로 지금의 상황에서, 과연 귀국하실 수 있을까. 즉 성신의 마음이 있다면 반드시 이 [이치에 맞지 않는 취급에 대해] 주진하시지 않으면 안 된다. 그러나 위와 같은 [착오를 졸자에게] 들려주신 것은 [이번 일만이 아니다.] 전[에도 같은 일이 있었다.] 접위관과 졸자 사이에는 매우 불성신[스러운 교섭이] 있었다. [자각하고 계실 것으로 생각한다.] 어찌되었든 [졸자가] 가지고 건너온 서간에 대한 반답을 [이쪽이] 청취하지 않으면 [이 교섭은] 이루어지기 어렵다. 그러한 일을 잘 이해해 주셔야 한다. 되돌려드린 서간 1통에, 다시 가지고 건너온 서간 1통 [각각에 대한 반한이] 있으면, 지금이라도 바로 귀국할 생각이다. 그러므로 꼭 반한 [2통을 받고 싶다. 단 반드시] 2통이어야 한다고 구속하는 것은 아니다. 다시 건네주신 반한에 [새로 1항목을 부가해, 이곳에] 기입해 주셔도 된다. [즉 2통 형식으로 내용을 정리해, 그것이] 1통으로 된 것을 이번에 받은 반한과

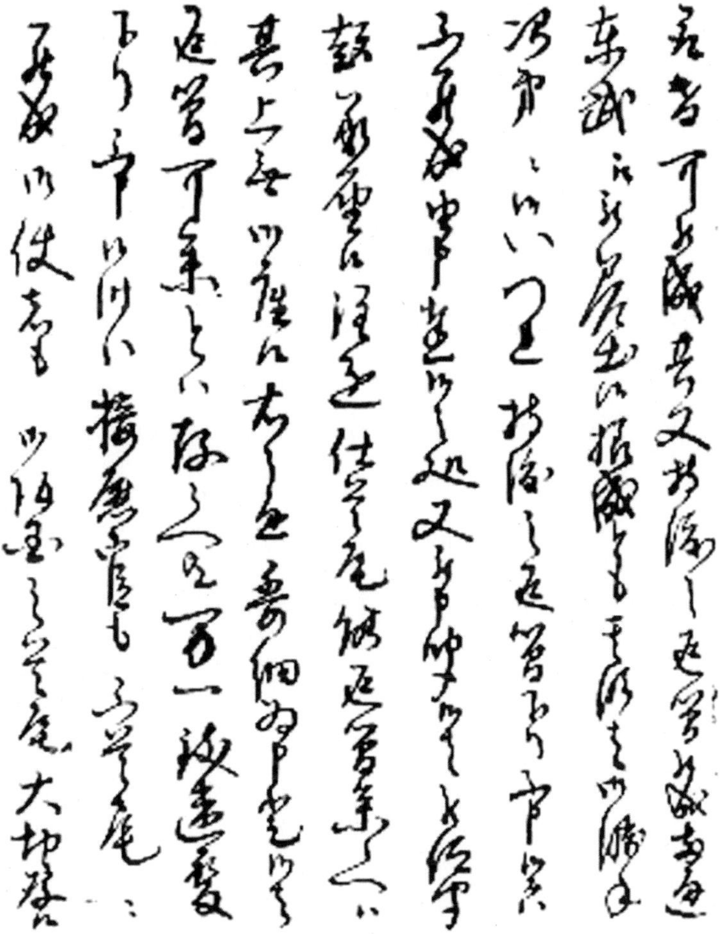

取替可被成共又持渡之返簡被成両通東武江被差出候様成とも其段者御勝手次第ニ候いつれ持渡之返簡下り不申候而ハ不罷成由申達候之処又被申聞候者不仰聞趣承届候注進仕首尾能返簡参候へハ其上無御座候右之通委細為申登候者返簡可参とハ存候へ共万一致違変下り不申候時ハ接慰官も不首尾ニ罷成御使者も御帰国之首尾大切ニ存候

取り替えに成ってもよい。または持ち渡った[書簡に対する]返翰を[今一度、下し置かれるような御注進を]なさって[確かな]二通として、これを東武へ差し出される形にしてもよい。そのような事は[どちらでもよく、そちらの]御勝手次第である。いずれにしても、持ち渡りの[書簡に対する]返翰が[都から]下って来なければならない。そのような事を[あちらに]申し伝えた。すると又[接慰官が]お話し下さったことは、そのような御趣旨については承った。[都へ]注進いたし、首尾能く返翰が参ってくれば、その上も無い事である。右の通りに委細を報告すれば、返翰は参って来るとは思うが、万一にも違変があり、下って来ないこともある。その時は[いかにも交渉が破綻した形になってしまい]接慰官の[面目も潰れ、任務も]不首尾という事に終わる。それはまた御使者[の面目も潰れ]不首尾の御帰国という事になる。[そのような事なので、破綻の形を避け、永年の誠信の付き合いを]大切に思い

교환해도 좋다. 또는 가지고 온 [서간에 대한] 반한을 [지금 다시 한 번 내려보내 주시도록 주진]하시어 [확실한] 2통으로 해서, 이것을 동무에 제출하는 형식으로 해도 좋다. 그 같은 일은 [어느 쪽이라도 좋아, 그쪽] 마음에 달려 있다. 어느 쪽이라 해도, 가지고 건넌 [서간에 대한] 반한이 [도성에서] 내려오지 않으면 안 된다. 그와 같은 일을 [저쪽에] 전했다. 그러자 또 [접위관이] 이야기한 것은, 그러한 취지는 알았다. [도성에] 주진하여 좋은 반한이 온다면, 그 이상 없는 일이다. 위와 같이 자세히 보고하면 반한이 온다고는 생각하나, 혹 사정이 있어 내려오지 않는 일도 있다. 그때는 [어쨌든 교섭이 파탄된 형태가 되고 말아] 접위관의 [면목도 깎이고, 임무도] 완료되지 않은 채 끝난다. 그것은 또 사재[의 면목도 깎이고] 좋지 않은 귀국이 된다. [그와 같은 일이므로 파탄의 형태를 피해, 오랜 성신의 교제를] 소중히 생각하여

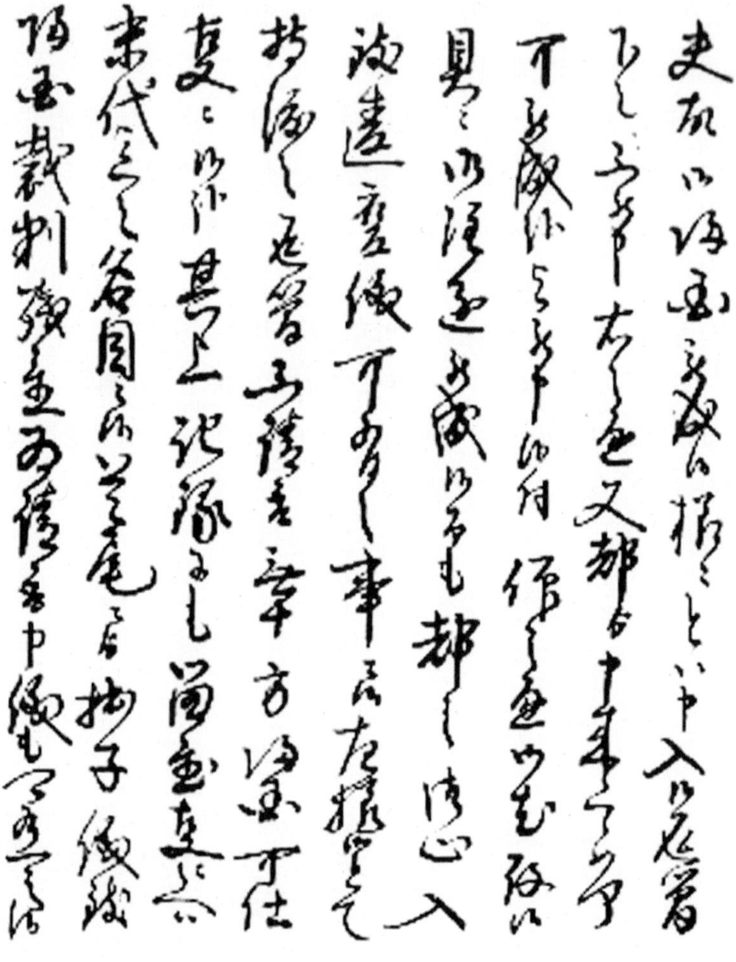

夫故御帰国被成候様ニとハ申入候返簡下シ不被申右之通又都より申来候ハヽ如何被成哉与被申候付仰之通御尤存候具ニ御注進被成候而も都之御心入致違変儀可有之事ニ候左様候とて持渡之返簡不請取無十方帰国可仕事ニ候哉其上記録にも留置事ニ候へハ末代迄之色目ニ候首尾ニより拙子儀致帰国裁判残置為請取申儀も可有之候

[円滑な交渉であった]形を整えたいのである。それゆえ[もうこの段階で]御帰国に成られるようにと[接慰官から]の申し入れがあった<註7>。やはり返翰が下るとは言わず、右の通り都から[もしも打ち切りを]伝えて来たら[交渉破綻の当事者として、今後]どのように扱われ[その立場がどのように]成って行くのか[まことに心細い限りであると]語って来た。それに付いて[こちらから返答した事は]お話し下さった通りで、まことに尤に思うところである。具に御注進に成られても、都の御心入れは相違する。[ここでの相談と]異なるような事は[しばしば]有る筈である。その様であるからと言って、持ち渡った[書簡に対する]返翰を請け取らぬままで[我らが]帰国することなど、とほうも無い事である。この様な交渉は、記録にも留め置く事であるので[不調法な交渉であったと]末代に至る迄、色目で見られてしまう。そのような首尾であるので、拙者は[一旦ここは]帰国を致し[国元に報告する形を取りつつ、一方で]裁判を残し置き[罷り下る御返翰を]請け取ることも[出来る形で、この後も待ち受ける。そのような両様の形で、なおも交渉の継続が]有る可きである<註8>。[すると接慰官が面目を保って御帰京という形は可能であり、さらに京において御返翰が罷り下るよう、なお努力をしていただきたい。]

[원활한 교섭이었다는] 형식을 갖추고 싶은 것이다. 그렇기 때문에 [이제 이 단계에서] 귀국하도록 하시라는 [접위관의] 요구가 있었다. 역시 반한이 내려온다고는 말하지 않고, 위와 같이 도성에서 [혹시 종결을] 전해오면 [교섭파탄의 당사자로서, 이후] 어떻게 취급되어 [그 입장이 어떻게] 될 것인지 [참으로 불안하기만 하다고] 말해 왔다. 그것에 대해 [이쪽에서 답한 것은] 말씀하신 대로, 참으로 당연하다고 생각하는 바이다. 자세히 주진하셔도, 도성의 생각은 다르다. [이곳의 상담과] 다른 일은 [자주] 있을 것이다. 그렇다고 해서 가지고 온 [서간에 대한] 반한을 청취하지 않고 [우리들이] 귀국하는 일 등은 있을 수 없다. 이 같은 교섭은 기록으로도 남겨두는 일이기 때문에 [좋지 않은 교섭이었다고] 말대까지, 이상하게 보여지고 만다. 그 같은 상황이기 때문에 졸자는 [일단 지금은] 귀국하여 [본국에 보고하는 형식을 취하며, 한편으로는] 재판을 남겨두어 [내려오는 반한을] 청취하는 일도 [할 수 있는 형식으로, 이후에도 기다리겠다. 그러한 두 가지 형태로 교섭을 계속해야] 한다. [그러면 접위관이 면목을 유지하며 귀경하는 모양새를 갖출 수 있고, 또 도성에서 반한이 내려오도록 노력해 주었으면 한다.]

其上ニも難捨候得共又々押而御願何
年迄候而も先請前候ニ付御願申
申上置處又私儀ハ私信仰候越御座
候間旁以深遠之儀等ニ付御願候事
私信仰仕候旁被為候而式上ハ揚座宜
ニ付尾之候而者志子主達候而も不苦
候間唯今私信仰仕候ニ付清仕旁尾御取計
旁相成下様頂戴候而一向宜敷遠屋
気之〳〵一ハ揚居候間も仕合ニ候是者振

其上ニも難埒明候者又々拙子罷渡何年過候而も乞請不申候而者不罷成由申達候処又被申候ハ被仰聞候趣一々承届御尤ニ存候注進之儀曾而不罷成儀候へ共被仰聞儀御尤至極ニ候間此上ハ接慰官不首尾ニ候共しかりニ逢候而も不苦候間唯今被仰聞候ニ倍仕首尾宜様ニ存寄相認可致注進候万一宜敷返簡参り候へハ接慰官も仕合ニ候若左様之

その上で、なお埒が明かない場合、又々拙者が[朝鮮に]罷り渡り、何年過ぎようとも[逗留し続け、この返翰を]乞い請け続けなければならない。このように申し伝えた。すると又[接慰官が]申された事は、お話し下さった御趣旨については、その一つ一つを承った。まことに御尤もに思う次第である。[都へ再び]注進することは全く罷り成らぬことではあるが、お話し下さった事は、もっとも至極に思うので、この上は接慰官[の役目上]不首尾と判断されようとも[出過ぎた事として]叱責に逢おうとも、もう少しも構わない。唯今お話し下さった事情について、これまでより倍ほども詳しく、また首尾もさらに宜しい様に、思うところをしたため、都へ注進いたそうと思う。万一にも宜しい返翰が参り下ったならば、接慰官も[実に困難な]仕事を[立派に]果たした事になる。

그런 후에 그래도 잘 되지 않을 경우, 다시 졸자가 [조선에] 건너와 몇 년이 지나더라도 [계속 두류하며, 이 반한을] 요구하지 않으면 안 된다. 이렇게 전했다. 그러자 또 [접위관이] 말한 것은, 말씀해 주신 취지에 대해서는 그 하나하나를 알았다. 참으로 당연하다고 생각하는 바이다. [도성에 다시] 주진하는 일은 절대로 안 되는 일이지만,

말씀해 주신 일은 지극히 당연하다고 생각하기 때문에, 이제는 접위관[의 역할상] 적합하지 않다고 판단된다 해도 [지나친 일이라고] 질책받는다 해도, 조금도 상관없다. 바로 지금 말씀해 주신 사정에 대해 지금까지보다 배 이상 자세하게, 또 상황도 더욱 좋도록 생각하는 바를 기록하여 도성에 주진하려고 생각한다. 만일 좋은 반한이 내려온다면, 접위관도 [참으로 곤란한] 일을 [훌륭하게] 수행한 것이 된다.

候も有之ハ一左右可申聞候様ニ被仰候
冥加ニ候而 東武之儀可被相待旨
言上可申候段之思召入候、御家老中御待
候とも委細申候様ニ申入候
御座候 東武へ差出候 候て御座候
有之候ハ 朝鮮之御為ニ宜事ニ候
様之儀ハ宜御座候而 何分ニも
可被相成候 此上ニて可被遂御座候御返答
候ニ之處 拙者ニ罷帰 指図之可有之候

儀も有之ハ其節御頼申儀も御座候宜申来候者　東武之儀可然様ニ被仰上可被下与之御心入ニ候哉与被申候付仰迄も無御座兼而其段を申入儀ニ御座候　東武より若被仰断候首尾も有之而ハ朝鮮之御為不宜与被存程之儀ニ候へハ宜御返簡ニ候ハヽ何分ニも可然様被申上ニ而可有御座候御返簡之儀者定而拙子江戸江持越ニ而可有之

もしそのような事が有るとなれば、その節には、また御頼みすることがあるかもしれない。つまり宜しい[返翰が]参り下ったならば、東武へは然るべき[御配慮を以て]御報告なさるよう、お願いをしたい。[そのような返翰に対しては、改めて東武からの感謝の書状が]下されるべきであると、そのような考えである事を[こちらに]申し伝えて来た。それゆえ[こちらも返答を致した事は]お話し下さる迄も無く、この事は兼ねてから[東武の御意向であると]申し入れて来た事である。東武から[命じられたことであり]もし断られるような首尾になれば、朝鮮のためにも宜しからぬ事になる。それ程の事であるので、宜しい御返翰であれば、どのようにも[配慮を以て東武へ]良い報告を致すつもりである。御返翰[が下れば]きっと拙者が持参し、江戸へ参る事になると思う。

만일 그러한 일이 있다면, 그때는, 또 부탁할 일이 있을지도 모른다. 즉 바람직한 [반한이] 내려온다면, 동무에는 그럴만한 [배려심을 가지고] 보고하실 것을 부탁하고 싶다. [그와 같은 반한에 대해서는 재차 동무로부터 감사 서장이] 내려와야 한다고, 그 같은 생각임을 [이쪽에] 전해 왔다. 그렇기 때문에 [이쪽도 반답한 것은] 말하실 것도 없이, 이 일은 전부터 [동무의 의향이라고] 말해 왔던 일이다. 동무에게 [명받은 일이라] 만일 거절당하게 되면, 조선을 위해서도 좋지 않은 일이 된다. 그 정도의 일이므로 바람직한 반한이라면, 어떻게든 [배려심을 가지고 동무에] 좋은 보고를 할 생각이다. 반한[이 내려오면] 반드시 졸자가 지참하여 에도에 가게 될 것이라고 생각한다.

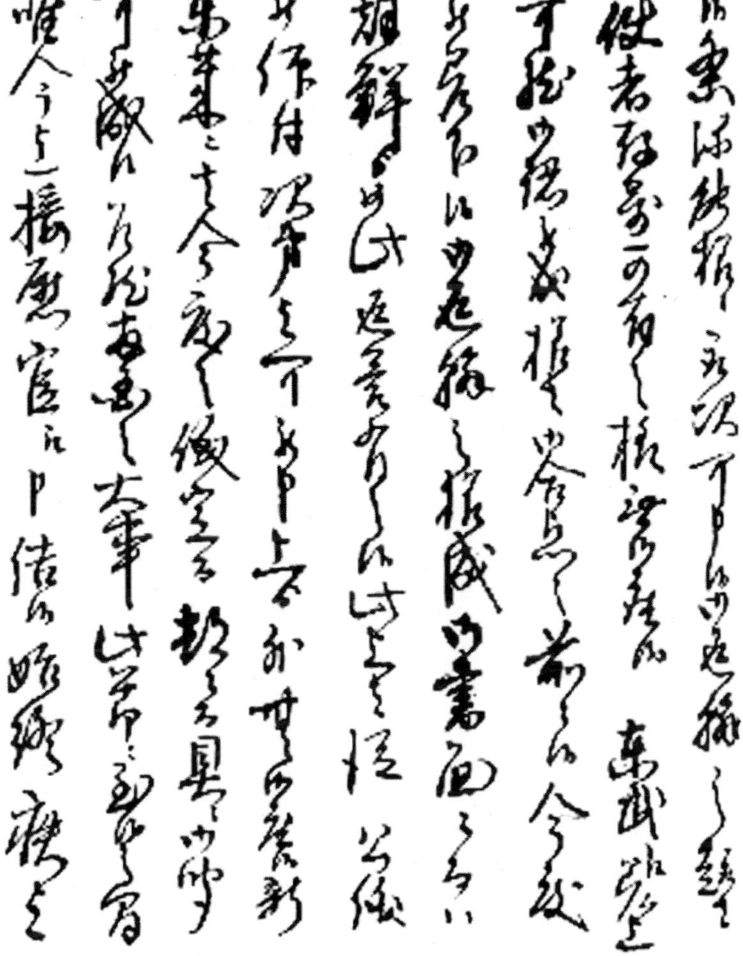

候条弥能様ニ取次可申候御返翰之趣者使者存寄可有之様無御座候　東武江差上可然御認被成様者御合点之前ニ候今度被差下候御返簡之様成御書面ニ而ハ朝鮮より如此返答有之候此上者従　公儀被仰付次第与可被申上より外無御座候新東莱ニ者今度之儀定而都ニ而具ニ御聞可被成候乍然両国之大事此節ニ至候之間唯今迄接慰官江申結候始終疾与

いよいよ宜しい様に、この取り次ぎを致すつもりである。御返翰の趣旨は[今この段階では]使者[たる拙者が、まだ]知らされていないものであり、東武へ差し上げた上で[東武がそれに対し]然るべき[感謝の御書簡を]御したために成られるかどうかは[不明である。それは、そちらからの返翰の内容による。今は東武が]御合点になる前の段階である。今度、差し下される事になる御返翰の内容によっては[東武への報告は]朝鮮からこのような返答が有りましたと[ただ、そのままを申し上げるだけになることもある。]その後の事は公儀[のお考えに成ることであり]その御指示次第という事になる。そのようにしか[今の段階では]申し上げようが無い。新たに下って来られた東莱府使(李喜竜)<註9>にとっても、今度の一件は、きっと都にて具に御喚問が在ることであろう。然しながら両国の大事[がここに極まり]この[危険きわまりない]時節に至ったことは[互いに深く認識していることである。]唯今迄、接慰官に申し伝え[を行い、充分に意見を交換し合い、相互理解を取り]結んで来た。その[詳細なる]始終を[これまでの東莱府使(韓命相)も]じっくりと

조금이라도 좋아지도록 이 주선을 할 생각이다. 반한의 취지는 [지금이 단계에서는] 사자[인 졸자에게 아직] 통보되지 않아, 동무에 보고한 후에 [동무가 그것에 대해] 그것에 부합하는 [감사의 서간을] 작성하게 될지 어떨지는 [불명이다. 그것은 그쪽이 보내는 반한의 내용에 달려 있다. 지금은 동무가] 납득하시기 전의 단계이다. 이번에 내려 보내게 되는 반한의 내용에 따라서는 [동무에 하는 보고는] 조선에서 이 같은 반한이 있었습니다라고 [그저, 그대로 말씀만 드리게 되는 경우도 있다.] 그 후의 일은 장군[이 생각하실 일로] 그 지시 여하에 따르는 일이 된다. 그렇게 밖에 [현 단계에서는] 말씀드릴 수가 없다. 새로 내려오신 동래부사(이희룡)에게도 이번 일건은, 틀림없이 도성에서 자세한 환문이 있을 것이다. 그런데 양국의 대사[가 이렇게 커져] 이 [위험하기 그지없는] 시기에 이른 것은 [서로가 깊이 인식하고 있는 일이다.] 지금까지 접위관에게 전[하여, 충분히 의견을 교환하고 상호를 이해]해 왔다. 그 [상세한] 시종을 [지금까지의 동래부사(한명상)도] 차분히

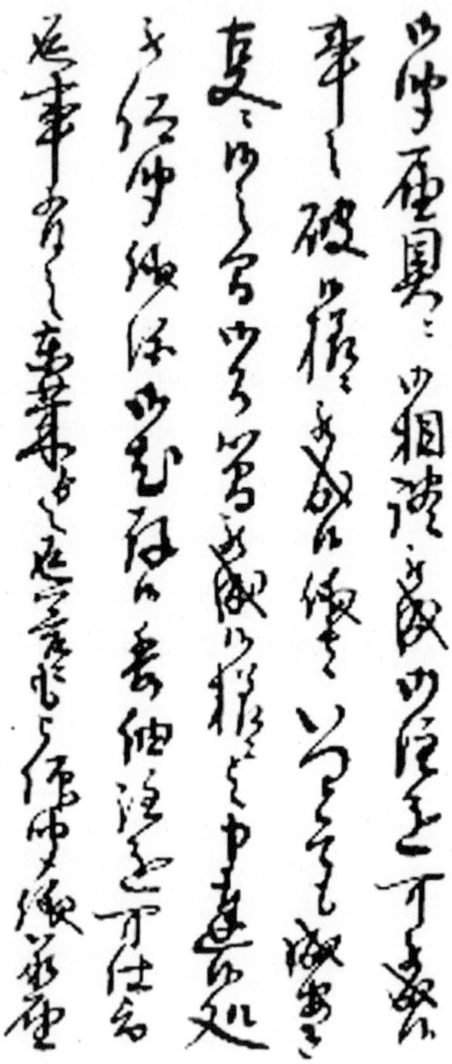

御聞届具ニ御相談被成御注進可被成候事之破候様ニ被成候儀者いつとても成安キ事ニ候之間御了簡被成候様ニ与申達候処被仰聞儀弥御尤存候委細注進可仕旨返事有之東莱より之返答ニも被仰聞儀承届

御聞き届けに成られ、具に御相談に成られた。[それを踏まえ、改めて新たな東莱府使からも、都へ、その旨の]御注進をなさって貰いたい。[合意が得られず]事が破れるように成る事は、いつでも[起こり得る]容易な事である。[だがそうならぬよう努力を積み重ね、困難ではあるが、なんとか合意に持ち込むことが、この際、重要なことである。そのように]御理解下さる様にと[あちらに]申し伝えた。すると、お話し下さった事は、いよいよ御もっともに存ずる次第である。委細を[都へ]注進致すとの趣旨の[接慰官からの]返事が有り、また[新たな]東莱府使からも[その旨の]御返答があった。すなわち、お話し下さった事は[しっかりと]承った。

들으시어 자세히 상담하셨다. [그것을 토대로 다시 새로운 동래부사도, 도성에 그 뜻을] 주진해 주었으면 한다. [합의를 얻지 못하여] 일이 파탄되는 일은 언제든지 [일어날 수 있는] 용이한 일이다. [그러나 그렇게 되지 않도록 노력을 거듭하여, 힘들기는 하지만 어떻게든 합의에 이르게 하는 것이 이 시점에서 중요한 일이다. 그렇게] 이해해 주시도록 [저쪽에] 전달했다. 그러자 말씀해 주신 것은 참으로 당연하다고 생각하는 바이다. 자세한 것을 [도성에] 주진하겠다는 취지의 [접위관의] 답이 있었고, 또 [새] 동래부사로부터도 [그러한 취지의] 반한이 있었다. 즉 말씀해 주신 일은 [잘] 들었다.

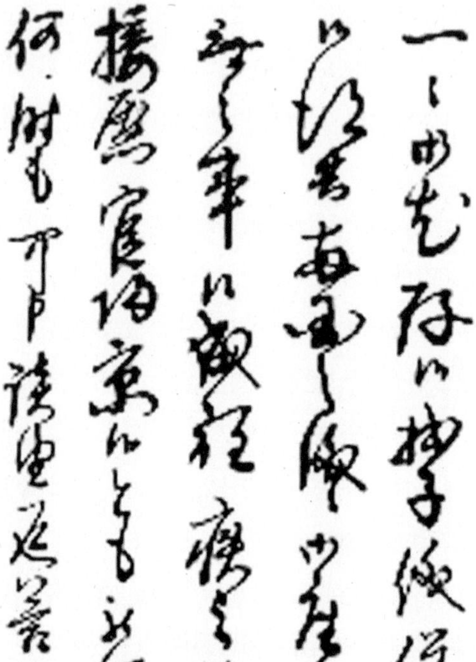

一々御尤存候拙子儀役目ニ而者無御座候得共両国之儀ニ御座候へハ構不申与申儀無之事候成程疾与致相談可致注進候接慰官帰京候とも被仰聞儀御座候ハヽ何時も可申談由返答有之候而論談相止候

その一つ一つを御尤もに思う次第である。拙者(新たな東莱府使)にとって[このような事は本来の]役目では無いのであるが、両国の[友誼交流に資する]事であるので、これに関与せず、放置するような事はしない。成程[と思うまで接慰官と]しっかりと相談し[都へ]注進しようと思っている。接慰官が帰京しても[拙者は]お話し下さった御趣旨を[充分に]了解しているので、何時でも、また御相談に応じるつもりである。このような[新東莱府使からの]返答も有って、この論談は終了した。

그 하나하나를 당연하다고 생각하는 바이다. 졸자(신임 동래부사)에게 있어 [이러한 일은 본래의] 역할은 아니지만, 양국의 [우의교류에 이바지하는] 일이기 때문에, 이것에 관여하지 않고 방치하는 일은 하지 않는다. 좋다[라고 생각할 때까지 접위관과] 충분히 상담하여 [도성에] 주진하려고 생각하고 있다. 접위관이 귀경해도 [졸자는] 말씀해주신 취지를 [충분히] 이해하고 있기 때문에, 언제든지 상담에 응할 생각이다. 이와 같은 [신 동래부사의] 반답도 있어, 이 논담은 종료했다.

註１、返翰をどうあっても請け取らねばならない

交渉の為の手段を持ち合わせていない多田にとって、取っ掛かりとなる糸口さえ無かった。それゆえ第二回目の渡海で持ち渡った書簡に対し、ただ返答を頂きたいと言う。それしか他に交渉の方法は無かった。

쓰시마의 대안

교섭을 위한 수단을 가지고 있지 않은 타다에게는 해결할 수 있는 실마리조차 없었다. 그렇기 때문에 두 번째 도해에 소지했던 서간에 대해, 그저 반답을 받고 싶다고 말한다. 그것 외에 다른 교섭 방법이 없었다.

註２、兎も角も国元での意見を聞きたい

追い詰められた多田は、もう帰るしかないと思い定めていた。つまり国元における再考(方針転換)である。自らの能力の限界を悟っていた。

귀국하는 사자

궁지에 몰린 타다는 돌아갈 수 밖에 없다고 생각하고 있었다. 즉 본국에서 재고(방침의 전환)하는 일이었다. 스스로 능력의 한계를 깨달은 것이다.

註３、帰国を決意したが、御返翰が下るまで繰り延べとする

多田の混乱振りを示す一節である。自らの意思と国元の指令が合

致しないための混乱である。その混乱振りを朝鮮側に、正直に、そのまま伝えている。これは交渉の当事者として、敗北を表明したことと同じである。人間的には信頼が置けるが、外交官としては資質に欠けると言わざるを得ない。

귀국의 연기

타다의 혼란함을 나타내는 일절이다. 자신의 의사와 국원의 의사가 합치하지 않아 생긴 혼란이다. 이 혼란한 상황을 조선 측에 솔직하게 그대로 전하고 있다. 이것은 교섭 당사자로서의 패배를 표명한 것과 같다. 인간적으로는 신뢰할 수 있으나, 외교관으로서는 자질이 부족하다고 말하지 않을 수 없다.

註4、明日の朔日、京へ向けて出発する

多田の混乱振りに比べ、兪集一の方は全くぶれない。もはや返翰をお渡ししたので、たとえ多田が出宴席を繰り延べようと、決して滞留はしない。都に引き揚げると伝えてきた。この両者の違いは、その背後にあって司令を下す組織の強固さの違いである。朝鮮側は政変(甲戌換局)によって力を握ったばかりであり、結束強くあらねばならなかった。その思いの通りに強く出た。一方、対馬の側は藩主の健康不安を抱え、政策における意思決定が迅速とはいかなかった。その藩主の死去は九月二十七日のことで、当然、外交交渉どころではなかった。

접위관의 귀경

타다의 혼란에 비해 유집일 쪽은 전혀 흔들림이 없다. 이미 반한을 건넸기 때문에, 설령 타다가 출연석을 연기한다 해도 결코 체류하지 않고, 도성으로 철수한다고 전해 왔다. 이 양자의 차이는 그 배후에서 사령을 내리는 조직의 강인함의 차이이다. 조선 측은 정변(갑술환국)에 의해 세력을 장악한 직후여서 결속이 강했다. 그래서 생각하는 대로 강하게 나왔다. 한편 쓰시마 측은 번주의 건강에 대한 불안이 있어, 정책면에서 의사결정이 신속하지 못했다. 번주의 사거는 9월 27일의 일로, 당연 외교교섭에 전력할 수 없었다.

註5、出宴席を行うことに致したい

多田は出宴席をしないという方針を、ここで撤回した。このままでは両国の間で戦乱が起こると見ていた。それを何としても避けたいと、それゆえの譲歩である。戦乱を避けることさえできれば、それ以外、どのような妥協をしてもよいと、そのように思っていた。時には武威をもちらつかせ、交渉して来た多田であるが、ぎりぎりの所では、平和へ軸足を動かすのである。そのような思いを、この際、接慰官に伝えたかった。多田は誠実である。

출연석

타다는 출연석을 하지 않는다는 방침을 여기서 철회했다. 이대로는 양국 간에 전란이 일어난다고 보았다. 그것을 어떻게든 피하고 싶다는 연유에서의 양보였다. 전쟁을 피할 수만 있다면, 그 외의 어떤 타협도 좋다고 생각하고 있었다. 때로는 무위도 언급하며 교섭해 온 타다였으나, 위험한 선상에서는 평화로 축을 옮기고 있다. 그러한 생각을 이때 접위관에게 전하고 싶었다. 타다는 성실했다.

註6、出宴席を調えてしまっては交渉の始終は済んだ形になる。

多田が兪集一に直接会って話したことは、交渉が妥結に到らなかったことは仕方がない。だが問答無用の交渉打ち切りではなく、何か理由があって交渉は妥結に到らなかったと、そのような形にしたいということであった。そのような形で交渉の経過が東武へ伝わったならば、武威の出動は無いと、そのように多田は理解していた。

타다와 유집일

타다가 유집일을 직접 만나 한 이야기는, 교섭이 타협에 이르지 못한 것은 어쩔 수 없다. 그러나 문답무용의 교섭 종결이 아니라, 무엇인가 이유가 있어 교섭이 타협에 이르지 못했다는, 그러한 형태로 하고 싶다는 것이었다. 그러한 형태로 교섭 경과가 동무에 전해진다면, 무위의 출동은 없을 것이라고, 그렇게 타다는 이해하고 있었다.

註7、円滑な交渉であった形を整えたい

接慰官の兪集一も、やはり形の上で円滑な交渉であった事を演じたかった。破綻した形を取りたくはない。それゆえ何事も無く出宴席を行い、そのまま正官が帰国することを促した。互いに平和に対する思いがあり、その線に沿って話し合いが持たれ、二人は会談を終えた。

원활한 교섭

접위관 유집일도 역시 형식상 원활한 교섭이었던 것으로 보이고 싶었다. 파탄된 형태를 취하고 싶지는 않았다. 그래서 아무 일도 없이 출연석을 행하고, 그대로 정관이 귀국할 것을 재촉했다. 서로 평화에 대한 생각이 있어 그러한 방향으로 논의가 행해지고, 둘은 회담을 마쳤다.

註８、なおも交渉の継続が有る可き

第二次交渉は終了の形にして、以後は、続く第三次交渉に委ね、その継続を図るという案である。

계속되는 교섭

제2차 교섭은 종료 형태로 하고, 이후는 계속되는 제3차 교섭에 위임하고, 그 지속을 시도한다는 안이었다.

註９、新たに下って来られた東莱府使

東莱府使は、この時期、頻繁に交替している。対馬との折衝の難しさからであろう。通常の任期は二年である。以下のような人物が着任しては離任していった。

成瓘　　癸酉(元禄六年)五月～甲戌(元禄七年)四月
韓命相　甲戌(元禄七年)四月～甲戌(元禄七年)九月
李喜竜　甲戌(元禄七年)九月～丙子(元禄九年)十一月
李世載　丙子(元禄九年)十一月～戊寅(元禄十一年)一月
朴権　　戊寅(元禄十一年)一月～戊寅(元禄十一年)九月

趙泰東　戊寅(元禄十一年)九月～己卯(元禄十二年)七月

동래부사

동래부사는 이 시기에 빈번하게 교대되고 있다. 쓰시마와의 절충이 어려웠기 때문일 것이다. 통산 임기는 2년이다. 이하와 같은 인물이 착임 후 이임되었다.

성관　계유(원록 6년) 5월～갑술(원록 7년) 4월

한명상　갑술(원록 7년) 4월～갑술(원록 7년) 9월

이희룡　갑술(원록 7년) 9월～병자(원록 9년) 11월

이세재　병자(원록 9년) 11월～무인(원록 11년) 1월

박권　무인(원록 11년) 1월～무인(원록 11년) 9월

조태동　무인(원록 11년) 9월～을묘(원록 12년) 7월

○同七年十月裁判高瀬八右衛門并出役河内
善右衛門罷出ル

【大綱二七段(元祿七年十月②)】

(27-00)

○ 同七年十月裁判高勢八右衛門并御使河内益右衛門帰国在之

【大綱二七段(元祿七年十月②)】

(27-00)

○ 元禄七年十月、裁判の高勢八右衛門ならびに[渡海の正官へ]御使者として[派遣された]河内益右衛門が帰国となった。

【대강 27단(원록 7년 10월②)】

(27-00)

○ 원록 7년 10월에 재판 타카세 하치에몬 및 [도해정관에게] 사자로 파견된 카와치 마스에몬이 귀국하게 되었다.

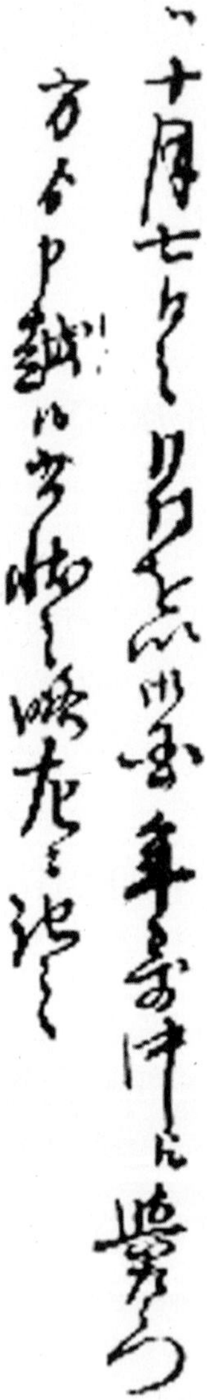

(27-01)

〃十月七日之日付を以御国年寄中江与左衛門方より申越候書状之略左ニ記之

(27-01)

〃十月七日の日付を以て御国の年寄中へ、与左衛門から申し伝えた書状がある。その略を左に記す。

(27-01)

〃10월 7일부로 본국의 가로들에게 요자에몬이 전한 서장이 있다. 그 개략을 아래에 기록한다.

一 右之趣承届候、先年之儀者御料江被仰付候而、

来年者御用被為在候旨、申来候、御尋仕候様ニ

就夫申来候得共、先年者出船相済

御意可仕候、右之儀申越候ニ付、承届候ニ而申来

御上意之様承届候ニ付、御公儀江御伺候ニ

為御用被仰付候由申進候、何方又ハ右之儀も

仕置候而、仕方同前ニ而座候得共、法式相済

〃返翰早速請取申候儀者返翰請取不申候ハヽ東莱江渡置接尉官急度帰京仕候様ニ都より申来候近日請取候ハヽ出宴席相済帰京可仕候間返答ニ申越候へと差詰申来候然上者接慰官引取申儀致決定候彼方ニ為事破為引申候而者追而何事之返答も仕間敷与之仕方目前ニ御座候付法式相済此方より為引取申候へハ重而御国より被仰掛

〃返翰を早速請け取る事について[そのあらましを、ここで申し述べておく。]この返翰を[対馬の側が]請け取らなければ、それを東莱府へ渡し置き、接慰官は必ず帰京するようにと、都から申し伝えて来たという。それゆえ近日中に[この返翰を]お請け取り頂き、出宴席を相済ませて[接慰官は]帰京致すという。[その返翰請け取りの有無を]御返答いただきたいと[こちらに]申し詰めて来た。そうであれば接慰官が[都へ]引き揚げるというのは、もう決定した事であろう。あちらに事の破れを起こさせ、引き揚げさせてしまっては[これ以後]追って[申し入れをしても]何事の返答も得られない。そのような段階が、今この目前に迫っている。それゆえ[出宴席の儀礼の]式次第を済ませ、こちらから[返翰を]引き取らせて貰うと申し出るならば[交渉は破綻に陥る事も無く、円滑に収まる。その返翰の写しを持参し、一旦帰国し]重ねて御国から[その返翰に対し、また再び]仰せ掛け[を行うという事も可能である。]

반한을 서둘러 청취한 것에 대해 [그 개략을 여기서 말해둔다.] 이 반한을 [쓰시마 측이] 청취하지 않으면, 그것을 동래부에 두고 접위관은 반드시 귀경하도록 하라고, 도성에서 전해 왔다 한다. 그래서 근일 중에 [이 반한을] 청취하고, 출연석을 마치고 [접위관은] 귀경한다고 한다. [그 반한을 청취할 것인가 말것인가의] 답을 듣고 싶다고 [이쪽에] 물어왔다. 그렇다면 접위관이 [도성으로] 철수한다는 것은 이미 결정된 일일 것이다. 저쪽에 일을 파탄시켜 철수하게 하면 [이 이후로] 서둘러 [요구해도] 어떤 답도 얻을 수 없다. 그와 같은 단계가 지금 목전에 다가오고 있다. 그렇기 때문에 [출연석 의례의] 식 자체를 마치고, 이쪽에서 [반한을] 받겠다고 말하면 [교섭은 파탄에 빠지지 않고, 원활하게 수습된다. 그 반한의 사본을 지참하고, 일단 귀국하여] 거듭 본국에서 [그 반한에 대해 재차] 요구[를 하는 일도 가능하다.]

此方ゟ両三人罷下之儀ハ、重而以書付可申掛
候様ニ之趣、御返答次第ニ候、又其節以申上
以追啓、先年中此御使者衆御用之
朝鮮之儀、薩摩殿之相談ニ而御頼候之儀
存知之上、様子を日本ニ而申候、以相談申候而
在猶御承知被成、御尋被成候而、御談申候
此儀を日本ニ行付被思召、其ニ可有御座候

請答之道筋御座候与存又者前以申上候通万暦年中ニ此論談有之竹嶋者朝鮮之蔚陵嶋ニ相極り候儀慥ニ御存知之上嶋を日本ニ出シ候様成当春之返翰紛敷なと丶有之而御差戻被成候儀此嶋を日本ニ片付御忠節ニ可被成与之

そのように成さるのが[交渉の中断にもならず、また書簡往復という、国と国との]請け答えの[正しい]道筋となる<註1>。また以前にも申し上げた通り、万暦年中にもこのような論談が有り、竹嶋は朝鮮の蔚陵嶋に決まったという事があった。[そのような経緯を]確かに承知の上で[あちらは紛争を避け、敢えて]島を日本[への書簡の中]に[文言として]出す様に成っていた。それが当春の返翰である。[だが今や、あちらの考えは、以下のような事である。すなわち当春の返翰について、日本からは]その文言が紛らわしいなどと申して[朝鮮に]御差し戻しに成られた。この事は、この島を日本[の領域]に片付け[る腹づもりであろう。このような手段によって、対馬は公儀へ向け]御忠節を尽くそうとしている。

그렇게 하는 것이 [교섭도 중단되지 않고, 또 서간의 왕복이라는 나라와 나라의] 주고받는 [바른] 행로가 된다. 또 이전에도 말씀드린 대로 만력 연중에도 이와 같은 논담이 있어, 죽도는 조선의 울릉도로 정해진 일이 있었다. [그 같은 경위를] 분명히 알고 [저쪽은 분쟁을 피해 일부러] 섬을 일본[에 보내는 서간 중]에 [문언으로 해서] 보내게 된 것이다. 그것이 올봄의 반한이다. [그러나 지금의 저쪽 생각은 이하와 같은 것이다. 즉 올봄의 서한에 대해 일본에서는] 그 문언이 혼란스럽다고 말하며 [조선에] 되돌려 보내셨다. 이것은 이 섬을 일본[의 영역]으로 처리[할 속셈일 것이다. 이러한 수단으로 쓰시마는 장군에게] 충절을 다하려 하고 있다.

被成方ニ而御座候ニ不及候哉と存候此段を被入
御念 公儀へ被仰上候様ニと存候様ニ相達候
様子を承候ニ付 竹嶋之儀朝鮮国へ被
被成候様 仕掛申候而ハ 互ニ可有之
外此度 公儀へ被仰上候ニ付 朝鮮へ御返答
不宜候而ハ 時分ニ相成候ニ付 御前ニ而以
可申上候 唯今迄ハ不及申候

被成方御誠信ニ不存候与深く此儀を存入候而　公儀江難被差上様に相認事破候様子ニ接慰官も引取兎角御国御難儀被成候様ニ仕掛申候手立ニ而も可有御座哉此返翰　公儀江被差上候者朝鮮之為不宜儀者彼方ニ合点之前ニ而御座候得者万一右之手立ニ而御座候ハヽ不及異儀

[そのような対馬の]成され方は[永年に亘り築いて来た朝鮮との間の]御誠信を[破棄しようとするものである。もはや友誼交流の心掛けなど]存在しないも同然である。[対馬は]深くこの事を承知しており[その上で、なおも、この返翰は]公儀へ差し上げ難いと[さらに修正を要求してくる。そして、そのような書簡を]したためて[使者を送り込んでくる。その結果]交渉が破綻する様子に[いよいよ近づき]ついに接慰官も[都へ]引き揚げる事になった。兎も角も御国(対馬国)が御難儀に成られるよう[あるいは、この引き揚げは]そのように仕掛けた[あちらからの]手立てなのかもしれない。このような返翰を公儀へ差し上げては、朝鮮の為にも宜しくない。その事は、あちらでも[百も承知の]合点以前のものである。それゆえ万一、右のような[朝鮮側の意図的な]手立てなのであれば[誠信の交わりは、もう消滅であるから]異儀には及ばない。

[그러한 쓰시마의] 수법은 [긴 세월에 걸쳐 쌓아온 조선과의] 성신을 [파기하려는 것이다. 이미 우의교류와 같은 생각 따위는] 존재하지 않는 것과 같다. [쓰시마는] 깊이 이 일을 알고 있고, [그러면서 아직도 이 반한은] 장군에게 바치기 어렵다고 [계속해서 수정을 요구해 온다. 그리고 그러한 서간을] 작성하여 [사자를 보내온다. 그 결과] 교섭이

파탄될 상황에 [점점 이르러] 결국에는 접위관도 [도성으로] 철수하게 되었다. 어쨌든 본국(쓰시마노쿠니)이 어렵게 되도록 [어쩌면 이 철수는] 그렇게 시도한 [저쪽의] 수단인지도 모른다. 이러한 반한을 장군에게 바쳐서는, 조선을 위해서도 좋지 않다. 그것은 저쪽도 [잘 아는] 납득 이전의 일이다. 그렇기 때문에 만일, 위와 같은 [조선 측의 의도적인] 수단이라면 [성신교류는 이미 소멸된 것이므로] 이의를 말할 것도 없다.

右様請書　東武ニ差上候向ニ仕候得共
其内彼方ゟ之手入も有之候ニ存居候
請書別段認仕候　彼方ニも差遣可申処
尤も申上所之仕迄ニ相成申候仕候儀者當ニ
存候得共　左様今度御願仕候右様之儀掛
御座候　二通之内右様之右共　一通ニ付
重ニ御願仕候書類相備共ニ差出候
差出申候御届相成候御様之申候今般
彼方ゟ之右書類申上候へハ早速御座候

返翰請取　東武江差上候向ニ仕候時者其内彼方より之手入も可有之与存返簡請取則帰国仕旨彼方ニも申達其御地にも申上船迄仕廻候様ニ申付候然共不審ニ存候儀者今度持渡り之返翰之儀申掛候処二通之御書翰之御返答一通ニ仕置候持渡之書簡別幅共ニ東莱江下り居申候間持戻り候様ニ与申候今度彼方より之返簡考申候へハ両通之返答無

[直ちに]返翰を受け取り、東武へ差し上げるよう、そのような段取りで[こちらも行動すればよい。]その内には[戦乱の危機を察知し、不安に駆られた]あちらから[何らかの]手入れが有ると思う<註2>。それゆえ返翰を請け取り[使者一行が]帰国する旨を、あちら[の接慰官]にも申し伝え、その「在留する」御地[の東莱府や釜山浦の方々]にも申し上げた。そして船を仕度し[帰国のための]海路を廻る段取りを[ここの和館の者どもに]申し付けた。然しながら、ここで不審に思う事がある。それは今度持ち渡った[書簡に対する]返翰の事である。[この件に関し、あちらに]申し掛けたところ[新旧]二通の御書簡の御返答は[今回]一通に[合わせ含め]したためてあるという。だが持ち渡った[対馬からの]書簡と別幅とは[都から]共に東莱へ戻り[この地に]罷り下っているという。[それを対馬に]持ち戻る様にと[あちらは]申して来た。今度のあちらからの返翰を考えてみれば、それは「すでにお渡しした前回の書簡と、この東莱に預け置いている書簡の」その両通りに対する返答

[즉시] 반한을 수취하여 동무에 바치도록, 그러한 순서로 [이쪽도 행동하면 된다.] 그 와중에 [전란의 위기를 감지하고, 불안에 쫓겨] 저쪽

에서 [어떤] 조치가 있을 것이라고 생각한다. 그렇기 때문에 반한을 청취하여 [사자 일행이] 귀국한다는 뜻을 저쪽[의 접위관]에게도 전하여, 그 [재류하는] 곳[의 동래부나 부산포의 곳곳에]도 말씀드렸다. 그리고 배를 준비하여 [귀국을 위해] 해로를 순행할 준비를 [이곳 화관 사람들에게]도 알렸다. 그러나 여기서 이상하게 생각되는 일이 있다. 그것은 이번에 가지고 온 [서간에 대한] 반한의 일이다. [이 건에 대해 저쪽에] 말하자 [신구] 2통의 서간에 대한 반답은 [이번의] 1통으로 [합해] 작성했다고 한다. 그러나 가지고 온 [쓰시마의] 서간과 별폭이란 [도성에서] 같이 동래로 돌아와 [이곳에] 내려와 있다고 한다. [그것을 쓰시마에] 가지고 돌아가도록 [저쪽은] 말해왔다. 이번에 저쪽이 보낸 반한을 생각해보면, 그것은 [이미 전한 전회의 서간과 이 동래에 맡겨둔 서간] 그 2통에 대한 반답

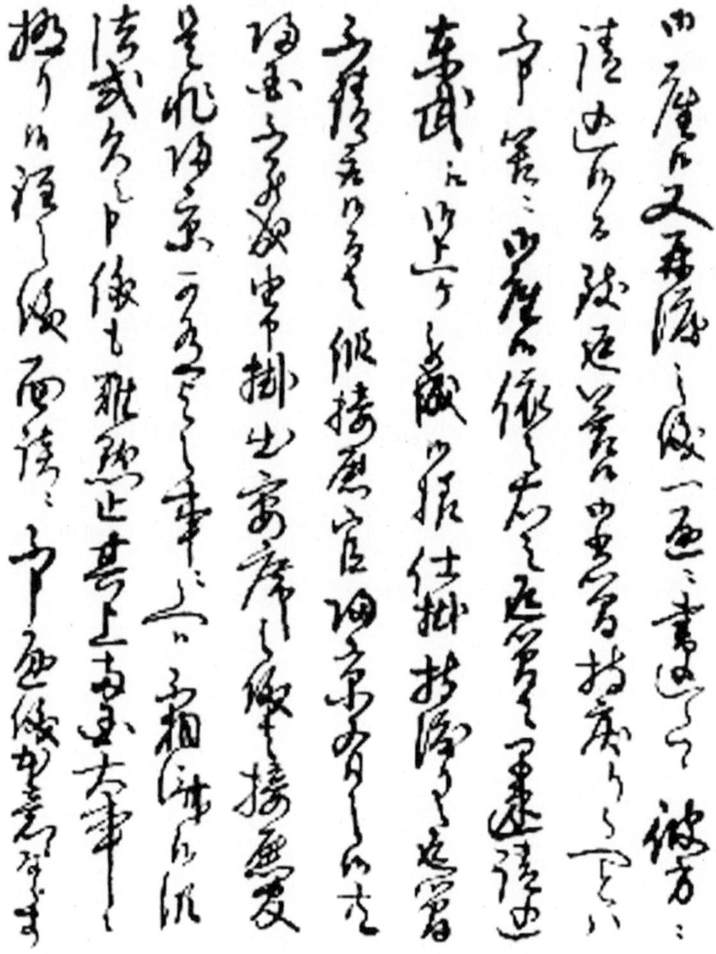

御座候又再渡之儀一通ニ書込候ハヽ彼方ニ請込候而致返答候御書簡持戻り候へとハ不申筈ニ御座候依之右之返簡者早速請込　東武江御上ケ被成候様仕掛持渡り之返簡不請取候而者縦接慰官帰京有之候共帰国不罷成由申掛出宴席之儀者接慰官是非帰京可有与之事ニ候へハ不相済候段法式欠シ申儀も難黙止其上両国大事ニ極り候程之儀面談ニ不申通儀本意ならず

では無い。また再度の渡海にて持ち渡った[書簡に対し、朝鮮からの返答の]事は、その[お渡しした]一通の中に[すでにその返答の内容が]書き込んであるという。[すなわち]あちらが受け取り、それを取り込んで返答した書簡になっていると言う。[だがそうであれば、この持ち渡った書簡を、そのまま]持ち戻るようになどとは[決して]言い出さぬ筈である<註3>。[そのような書簡なれば、もとより差し返す筈が無い。]このようであるので、右の[あちらからの]返翰については[不審なままに]早速[こちらに]請け込み、東武へ上申する旨を[あちらに]申し掛けた。[さらに、こちらが]持ち渡り[都から東莱に罷り下っているもう一通の書簡に対しても、再度その]返翰[を要求した。これ]を請け取らなければ、たとえ接慰官が帰京なさろうと[対馬の使者は]帰国できないと、そのようにも申し掛けた。出宴席の儀は[本来これが終わらなければ]接慰官は帰京できないものであり[帰京するとなれば]是非とも済ませなければならないものである。そのような法式儀礼が欠落したままで[接慰官が帰京]になるというのも[交渉の破綻が明白で]黙止し難かった。その上[接慰官の引き揚げというのは、話し合いの決裂ということで]両国の大事に至る程の事である。それゆえ[ここで接慰官と再度の]面談を果たし[交渉が決裂したという形を]何と言っても避けたかった。

(반답)이 아니다. 또다시 도해할 때 가지고 온 [서간에 대한, 조선의 반답] 건은 그 [건네준] 1통 중에 [이미 그 반답 내용이] 기록되어 있다고 한다. [즉] 저쪽이 수취하여, 그것을 반답에 포함시킨 서간이 되었다고 한다. [그러나 그렇다면 이 가지고 온 서간을 그대로] 가지고 돌아가라는 일 등은 [결코] 말할 수 없을 것이다. [그러한 서간이라면 원래부터 되돌려 줄 리 없다.] 이렇기 때문에 위의 [저쪽에서 보낸] 반한에 대해서는 [의심스러운 채] 서둘러 [이쪽에서] 받아, 동무에 상신한다는 뜻을 [저쪽에] 말했다. [또 이쪽이] 가지고 와, [도성에서 동래에 내려와 있는 또 1통의 서간에 대해서도, 다시] 그 반한[을 요구했다. 이것]을 청취하지 않으면 설령 접위관이 귀경하신다 해도 [쓰시마의 사자는] 귀국할 수 없다고, 그렇게도 말했다. 출연석의 건은 [본래 이것이 끝나지 않으면] 접위관은 귀경할 수 없는 것으로 [귀경한다고 하면] 반드시 끝내지 않으면 안 되는 것이다. 그러한 법식의례가 결여된 채로 [접위관이 귀경]한다는 것도 [교섭의 파탄이 명백하여] 잠자코 있기 어려웠다. 게다가 [접위관의 철수라는 것은 대화의 결렬을 의미하여] 양국의 대사에 이를 정도의 일이다. 그렇기 때문에 [여기서 접위관과 다시] 면담하여 [교섭이 결렬되었다는 형태를] 어떻게든 피하고 싶었다.

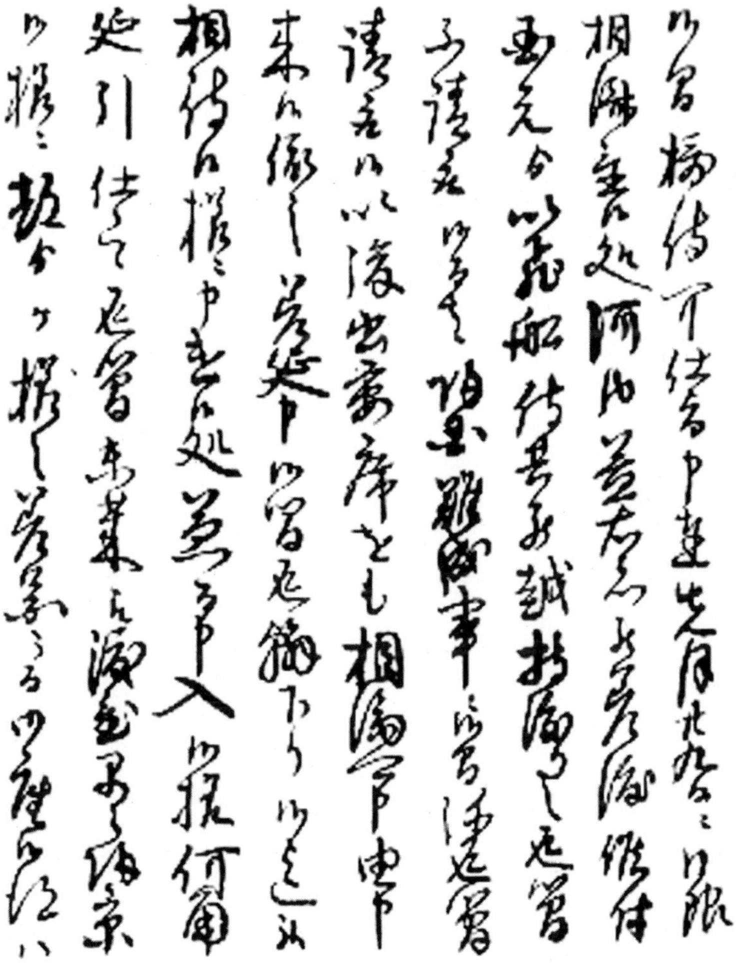

候間接待可仕旨申達先月廿九日ニ日限相済置候処河内益右衛門被差渡候付国元より以飛船侍共罷越持渡り之返簡不請取候而者帰国難成事ニ候間弥返簡請取候以後出宴席をも相済可申由申来候依之差延申候間返翰下り候迄被相待候様ニ申遣候処兼而申入候様何角延引仕候ハヽ返簡東莱江渡置早々帰京候様ニ都よりヶ様之差図ニ而御座候得ハ

そこで会談を致したいと[あちらに]申し伝え、先月二十九日に、その[出宴席の]日限を決定した。そのような処に、河内益右衛門[が国元から拙者への使者として和館に]差し渡されて来た。[その使者の口上を承け、あちらに申し伝えた事は]国元から飛船を以て侍共が罷り越した。持ち渡った[書簡に対する]返翰を受け取らぬままでは、帰国は成り難いと言うことである。どうあっても返翰を受け取るように[と伝えて来た。それを受け取った]以後、出宴席を済ますようにと、そのような御指図があった。これによって[出宴席の]差し延べを申し立て、返翰が下って来る迄[接慰官は、この地で]お待ちいただく様にと[あちらへ]申し伝えた。すると[接慰官の返答は]兼ねてから申し入れている様に、何かと延引を仕ったならば、返翰を東莱へ渡し置き、早々に帰京する様にと、都からの御指図がある。それゆえ

그래서 회담하고 싶다고 [저쪽에] 전했다. 선월 29일에 그 [출연석의] 일정을 정했다. 그러한 상황에 카와치 마스에몬[이 본국에서 졸자에게 사자로 보내져 화관으로] 건너왔다. [그 사자의 구상을 듣고, 저쪽에 전한 것은] 본국에서 비선으로 무사들이 건너왔다. 가지고 온 [서간에 대한] 반한을 받지 않은 채로는 귀국할 수 없다는 것이다. 어떻게든 반한을 수취하도록 하라[고 전해 왔다. 그것을 수취한] 이후에 출연석을 마치도록 하라는, 그러한 지시가 있었다. 때문에 [출연석의] 연기를 요구하고, 반한이 내려올 때까지 [접위관은 이곳에서] 기다려 달라고 [저쪽에] 전했다. 그러자 [접위관의 반답은] 전부터 말하고 있듯이 무슨 일이 있어 연기하게 되면, 반한을 동래에 두고 서둘러 귀경하도록 하라는 도성의 지시가 있었다. 그렇기 때문에

相待候儀ニ不存寄儀ニ付先月廿九日出
家老相勝當月二日裁足信義ニ差遣而
理運仕候段存候趣ニ而候之宮前ニ
一日も滞留難成候間翌日早々發足
答ニ相望候由書留を以申来候付右
申上候様ニ東萊ニ申留而為接慰官
而已候も又出家老不相調而已候も
彼方ニ而事破候儀ニ日前ニ而座候
接慰官ハ京都方より返答留而候次第

相待候儀者不存寄儀ニ候先月廿九日出宴席相済当月二日発足仕筈ニ先達而注進仕候得共右之通ニ候得者無益之所ニ一日も滞留難成候間朔日早々発足之筈ニ相定候由書簡を以申来候付右申上候様ニ東莱ニ書簡為残接慰官為引候も又出宴席不相調為引候も彼方ニ為事破候儀者同前ニ御座候付接慰官帰京有之共返簡下り候迄者

[なお、この地で]待つような事は思いも寄らぬことである。先月二十九日には出宴席も相済ませ、当月二日には[いよいよ京へ向け]発足する手筈になっていると、そのように先だって[都へ]注進を行ったばかりである。だが右の通りの[申し入れがあるようでは、やはり今後も、この件に関し対馬は、何かと延引を図ることであろう。もはや]無益の所に一日たりとて滞留は成り難い。それゆえ十月朔日には、もう出発と、早々に手筈を相定めた。このような事を、書簡を以て申し伝えて来た<註4>。そこで右に申し上げた様に、東莱に書簡を残させたにしても、接慰官を[交渉現場から]引き揚げさせたにしても、また出宴席が調わず延引させたにしても、あちらに事の破綻を引き起こさせてしまうことに変わりはない。いずれにしても同じ事で[以後の交渉は断絶で]ある。[こうなってしまっては]接慰官が帰京しようとしまいと、返翰が罷り下る迄は、

[더 이상 이곳에서] 기다리는 일은 생각할 수 없는 일이다. 선월 29일에는 출연석도 끝마쳐, 당월 2일에는 [바로 경으로] 출발할 계획이었다고, 그렇게 먼저 [도성에] 주진했었다. 그러나 위와 같은 [요구가 있는 것으로 보아, 금후에도 역시 이 건에 대해 쓰시마는 어떻게든 연

기를 꾀할 것이다. 더 이상] 무익한 곳에 하루라도 체류하기는 어렵다. 그렇기 때문에 10월 초하루에는 출발한다고, 서둘러 방침을 정했다. 이 같은 일을 서간으로 전해 왔다. 그래서 위에서 말씀드린 것처럼 동래에 서간을 남겨두게 했다 해도, 접위관을 [교섭현장에서] 철수시켰다 해도, 또 출연석을 거행하지 않고 연기시켰다 해도, 저쪽 일에 파탄을 일으켜 버리는 일에는 변함이 없다. 어찌되었든 같은 일로 [이후의 교섭은 단절]된다. [이렇게 되면] 접위관이 귀경하든 안 하든, 반한이 내려올 때까지는

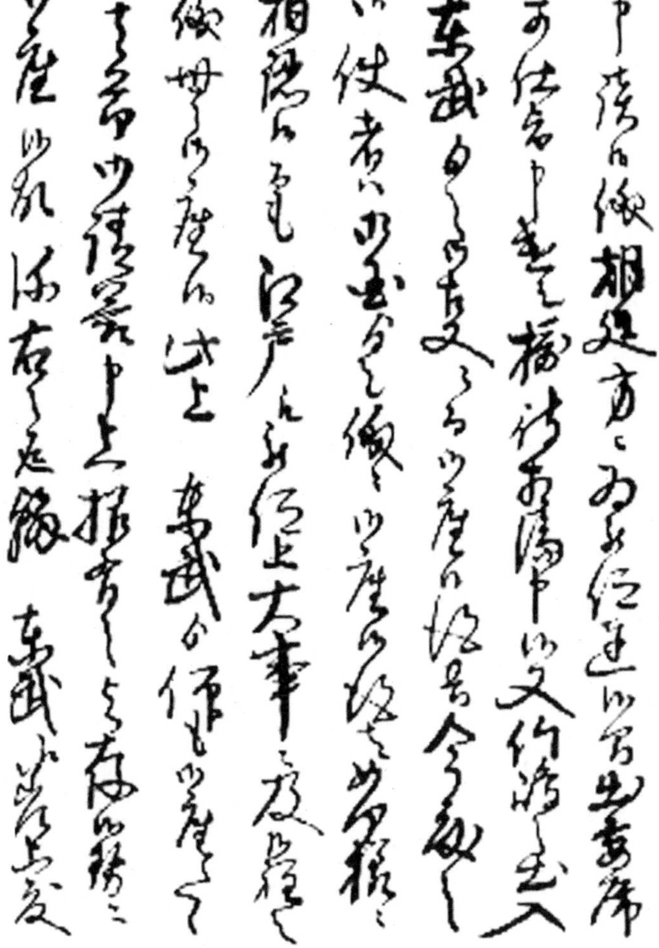

何年成共滞留可致候拙子存寄面々ニ申談候儀朝廷方江為被仰達候間出宴席可仕旨申遣シ摂待相済申候又竹嶋之出入 東武より之御事ニ而御座候得共今度之御使者ハ御国より之儀ニ御座候得者如何様ニ相認候而も江戸江被仰上大事ニ及候程之儀無御座候此上 東武より仰も御座候ハゝ其節御請答申上様有之与存候勢ニ御座候故弥右之返翰 東武江差上度

何年成り共[この地に拙者は]滞留するつもりである[と、そのようにあちらに伝えた。]拙者が存じている面々にも[このことを]語ったので、朝廷方へ、このような報告は上げられることになるであろう。そのような事であるので[この際、同じ事であるなら、何とか破綻を避け、交渉の接点を持とうと、すなわち交渉の継続を図ろうと]出宴席を行うべき旨を[あちらに]申し伝え、その接待[の席で、再度の話し合い]を済ますことにした<註5>。又[この際、あちらに対し言葉を添え]竹嶋の紛争は東武から御[指示のあった]事ではあるが、今度の御使者は御国(対馬)からの[派遣に依る]事であるので、どのように相したためても[対馬まで達するだけで、それが]江戸へ報告され、大事に及ぶような事は無い。その上、東武からの御指示もあることではあるが、その際には[配慮を以て]御受け答えをし[両国の関係が破綻に及ぶような事は避ける。どのようにも交渉が繋がるように]申し上げ様は有る。[国元では]そのような趨勢にあるので、いよいよ右の返翰は[そのような形で]東武へ差し上げようと、

몇 년이 되든 [이곳에 졸자는] 체류할 생각이라[고 그렇게 저쪽에 전했다.] 졸자가 알고 있는 분들에게도 [이 일을] 이야기했으므로, 조정 측에 이 같은 보고는 올라가게 될 것이다. 이러한 일이기 때문에 [이 기회에 같은 일이라면, 어떻게든 파탄을 피해 교섭의 접점을 가지기 위해, 즉 교섭의 지속을 기하기 위해] 출연석을 행해야 한다는 뜻을 [저쪽에] 전하여, 그 접대[의 자리에서 다시 협상]을 끝내기로 했다. 또 [이때, 저쪽에 말을 첨부해] 죽도 분쟁은 동무의 [지시가 있었던] 일이지만, 이번의 사자는 본국(쓰시마)이 [파견한] 일이기 때문에 어떻게 기록해도 [쓰시마에 제출될 뿐, 그것이] 에도에 보고되어 대사에 이르는 일은 없다. 그리고 동무의 지시에도 있었지만, 그때는 [배려하여] 답하여 [양국관계가 파탄에 이르는 일은 피한다. 어떻게 해서든 교섭이 이어지도록] 말씀드릴 방법은 있다. [본국에서는] 그 같은 추세에 있으므로 결국 위의 반한은 [그 같은 형식으로] 동무에 바치려고,

然處御心入候一ハ返翰請来書之通ニ仕
接慰官方へ申入候ハ此返書文言文字
無益之儀ニ候間御書替被下候様
所存之儀ニ申達候得共請取相済候由ニ而承知
候ニ付追而又ハ信使ニ而御所ニ達候旨
存念之返翰請取候由ニ而相済申候故
返翰下り候由ニ候 接待之節ハ無御座候
其上請取候返翰之趣大事ニ付而此儀
之候間申談候 接慰官東萊府使

決定之心入ニ候へハ返翰請取方延々ニ仕接慰官為引申候而者此返簡文章文字善悪之儀重而被仰掛候とも答へ不申段者眠前之儀ニ御座候法式相済此方より為登候而者追而又被仰談候道筋御座候与旁存合セ返簡請取出宴席迄相済申候持渡り之返簡下り不申候段摂待之節委細ニ申達其上請取候返簡之趣大事此時ニ至候与之儀具ニ申談候接慰官東莱能

決断の心積もりである。それゆえ返翰の受け取り方が延々と伸び、接慰官が引き揚げるような事態になっては[東武から訝しく思われる。その場合]この返翰の文章や文字や内容の善し悪しの事までも、重ねて[東武から]尋ねられてしまう。[そのようになっては、こちらは]答えに窮するようになる。あたかも眠前のような[ぼんやりとした]答弁になってしまい[大事に至らぬよう配慮を以ての受け答えにならない。それゆえ]式次第の儀礼を[まずは円滑に]済ませた段階で、こちらから[この返翰の報告を東武へ]登らせることになる。すると追って又[東武から]御意見が下り[問題解決に向け次の使者が派遣されという]道筋になる。そのような話をあれこれとして返翰を請け取り出宴席までを[一応]済ませることにした。なお持ち渡った[書簡に対する]返翰が一通、まだ下って来ない事については、宴席での会談の折[今一度あちらに]委細に申し伝えた。[だがこれについて色よい返事は無かった。]その上で、受け取った[この度の一通の]返翰についても、その趣旨内容からすれば、これが[ありのまま東武へ届けば]大変な事態を引き起こす。[そのような危機が]この節に到来しているのだと[あちらに再度]具に申し入れておいた。接慰官と東莱府使は[このことを]よく

결단할 생각이다. 그렇기 때문에 반한의 수취가 자꾸 연기되어, 접위관이 철수하는 사태가 되면 [동무가 이상하게 생각한다. 그 경우] 이 반한의 문장과 문자 내용의 호불호에 대해서도, 거듭 [동무가] 질문하게 된다. [그렇게 되면 이쪽은] 답에 궁하게 된다. 마치 잠꼬대 같은 [흐릿한] 답변이 되고 말아 [대사에 이르지 않도록 배려하는 답변이 되지 못한다. 그렇기 때문에] 식에 관한 의례를 [우선 원활하게] 마친 단계에서, 이쪽에서 [이 반한의 보고를 동무에] 올려 보내게 된다. 그러면 바로 다시 [동무가] 의견을 내려 [문제해결을 위해, 다음 사자를 파견한다는] 이야기가 된다. 그 같은 이야기를 이것저것하여 반한을 청취하는 출연석까지 [일단] 마치기로 했다. 또 가지고 온 [서간에 대한] 반한 1통이 아직 내려오지 않는 것에 대해서는, 연석에서 회담할 때 [다시 한 번 저쪽에] 자세하게 이야기했다. [그러나 이에 대한 바람직한 답변은 없었다.] 게다가 수취한 [이번의 1통의] 반한에 대해서도 그 취지 내용으로 보면, 이것이 [있는 그대로 동무에 제출되면] 큰 문제가 일어난다. [그 같은 위기가] 이번에 도래하고 있다고 [저쪽에 다시] 자세히 말해두었다. 접위관과 동래부사는 [이 일을] 잘

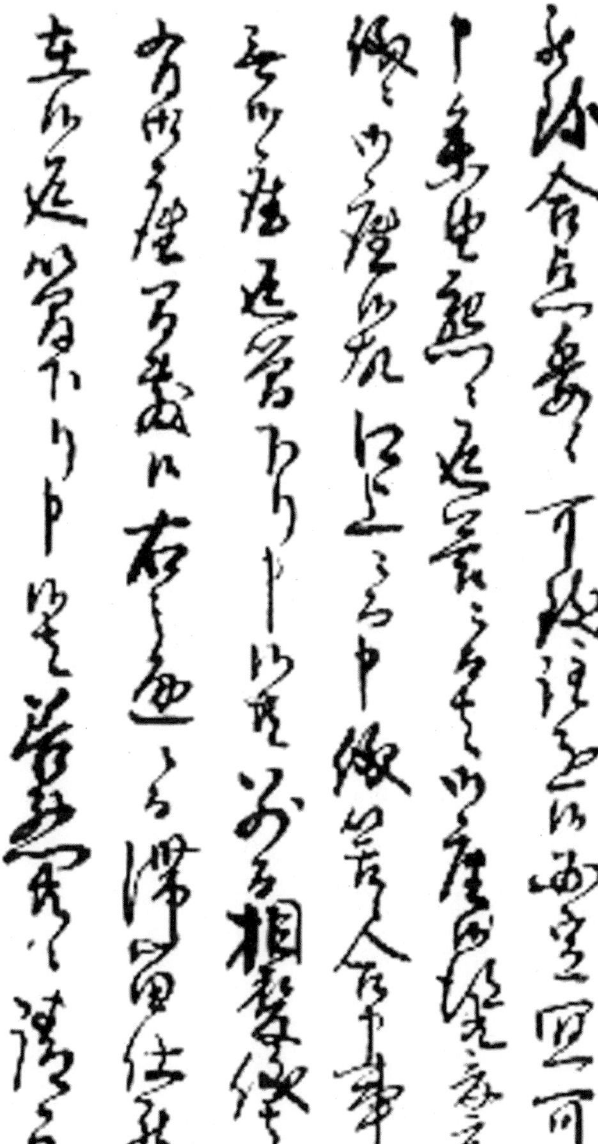

被致合点委く可致注進候必定宜可申参由懇ニ返答ニ而者御座候得共爰元之儀ニ御座候故口上ニ而申儀筈ニ合申事無御座返簡下り申候共別而相変儀者有御座間敷候右之通ニ而滞留仕罷在候返簡下り申候者善悪共ニ請取

合点し、委しく[朝廷へ再び]注進するとのことであった。必ず宜しく申し上げると、懇ろに返答をしてくれた。だが朝鮮の事であるため、口上で申す事が、その通りのままに成る事は無い。[たとえ、もう一度]返翰が下って来ようとも[結局、元のままの内容で、新たな]別途の変更が示されるものとは思えない。[おそらく]右の通りに[拙者は今後もなお交渉継続のため、この地に]滞留を続ける事に成るに違いない。もしも[別途の]返翰が下って来たならば、その[内容の]善悪に関わらず、それを受け取り

이해하고, 자세히 [조정에 다시] 주진한다는 것이었다. 반드시 잘 말씀드리겠다고, 성의있게 답변해 주었다. 그러나 조선의 일이기 때문에 입으로 말하는 것이 그대로 되는 일은 없다. [설령 다시 한 번] 반한이 내려온다 해도 [결국 본래 처음 그대로의 내용으로, 새로운] 변경이 기록되어 있을 것으로는 생각되지 않는다. [아마도] 위처럼 [졸자는 금후에도 더 교섭을 지속하기 위해, 이곳에] 계속 체류하게 될 것이 틀림없다. 혹시라도 [별도의] 반한이 내려온다면, 그 [내용의] 선악과 관계없이 그것을 수취하여

御座ニ付而ハ、雑説共候而候由候
細々と書遣候而候、ここに京之様へ御座候
之上御座候、仕候而ハ無之尾中上候事大形候
様ニ共候甚上意様と被仰合し、拙子ニ而も
聞召上候而、今度之儀、高橋八右衛門中務ニ仕損
御済候而、委細之八右衛門可申上候

帰国不仕候而者難成奉存候始終之儀細〃被書述候儀〃而無御座殊御差図之上帰国仕候首尾申上候事書状斗〃而ハ憚〃奉存其上疾与始より之様子為被聞召上候今度高勢八右衛門中戻り仕候様申渡候委細者八右衛門可申上候

[当然]帰国しなければ成らないものと思っている。[この竹嶋一件の交渉については]様々な経緯があり、それを一々こと細かに書き述べる事までは、とてもできない。殊に御差図の上のこと、[一旦]帰国を仕った首尾、また[そこで拙者が]申し上げた事など[それらを逐一]書状のようなもので申し上げる事には[差し障りがあり、なにかと]憚りがある。その[ような事情にあることを、先ずは承知して置いていただきたい。その]上で、しっかりと始めからの様子を[御隠居様には]お聞き上げに成っていただきたい。今度、高勢八右衛門が中戻りを命じられ、帰国となったので、委細はこの八右衛門から申し上げることにする。

[당연히] 귀국하지 않으면 안 된다고 생각하고 있다. [이 죽도일건의 교섭에 대해서는] 여러 가지 경위가 있어, 그것을 하나하나 자세히 기록해 설명하는 일은 도저히 할 수 없다. 특히 지시하신 일, [일단] 귀국하게 된 상황, 또 [그곳에서 졸자가] 말씀드린 일 등 [그 모두를 차례대로] 서장과 같은 것으로 말씀드리는 일에는 [어려움이 있고, 매우] 번거롭다. 그[와 같은 사정이 있다는 것을 먼저 알아두셨으면 한다. 이번에 타카세 하치에몬이 중간에 돌아올 것을 명받아, 귀국하게 되었으므로 자세한 것은 이 하치에몬이 말씀드리도록 한다.

一、裁判之務ハ余り理屈ニ付候者難儀ニ候へし

天龍院公御詞

(27-02)

〃裁判高勢八右衛門帰国ニ付天竜院公より被仰出候趣左ニ記之

(27-02)

〃裁判の高勢八右衛門が帰国し[委細の報告があった。]それに付いて天竜院公(宗義真)のお話し下さったことがあり、その御趣旨を左に記す。

(27-02)

〃재판 타카세 하치에몬이 귀국하여 [자세한 보고를 했다.] 그것에 대해 텐류우인공(소우 요시자네)이 말씀해 주신 것이 있어, 그 취지를 아래에 기록한다.

ハ

和館ニ可被越候由両人先達申候処委細承知候

同事ニ候而ハ世間之人相除船可被遣候

着陸時ニ而可被越候被為し様子委細

被成候而ハ甚以同情何卒ニ而も被成候様

具之又ハ手候ニ相聞得共今ニ不相済

船ニ船を差出不申候処者申候由信使捕へ

朝鮮人何ぞ申候ニ而申在候段被列ニ而右之者

是迄之儀ニ而雁罷在候中ニ而候得共

〃和館江罷越候商人共咄申候者安同知儀用事被申付外ニ地頭壱人相添船弐艘ニ而欝陵嶋江被差越彼嶋之様子委細致見分其上因幡伯耆江之渡口之恰合具ニ見届頃日帰国仕只今ニ蔚珎県与申所ニ船を繋居申候由承申候如此仕候様子者朝鮮より 東武江被申通候儀対州ニ而差留被置色々与御難題被仰聞候儀有之而者

〃和館へ出入りする商人共の話しでは、安同知が用事を申し付けられ、他に地頭一人が相添えられ、船二艘で欝陵嶋へ派遣されたということである<註6>。彼の島の様子を委細に検分し、その上、因幡伯耆への渡し口として[この島が果たして]相応しいのかどうか、具に[島の状態を]見届け、近頃帰国したという。只今は蔚珎県と言う所に船を繋留させているとのことであった。このような様子は、朝鮮から東武へ繋ぐ[誠信の]交わりを[途中の]対州が差し留め[ているからだという。対馬は朝鮮に最近]色々と難題を突き付けて来る事が有り、

〃화관에 출입하는 상인들의 이야기로는 안동지가 임무를 부여받아, 다른 지두 한 사람을 거느리고 배 2척으로 울릉도에 파견되었다는 것이다. 그 섬의 상황을 자세히 검분하고, 그 후에 이나바 호우키로 가는 창구로서 [이 섬이 과연] 적당한지 어떤지, 자세히 [섬의 상황을] 살펴보고 근래 귀국했다 한다. 바로 지금은 울진현이라고 하는 곳에 배를 계류시켜 두고 있다는 것이다. 이러한 상황은 조선에서 동무로 이어지는 [성신]교류를 [중간에서] 타이슈우가 방해하고 [있기 때문이라 한다. 쓰시마는 최근에] 여러 가지로 난제를 강요하는 일이 있어,

朝鮮表之様子も未聞ニ付差滞り候儀
ニ御座候而若節々朝鮮表之船を渡し左様候ハヽ
一円上向候ニ而も可及ニ御座候様ニ存寄候
段都合中来候ニ付今之成様段申渡候之一件
ニ付越候処近寄致宜候様ニ仕候得共
中以見合之所ニ而差支候様及論候ニ
精々之近寄之段申来候処御聞済被成候

朝鮮国之存分も違申ニ付差(「一ニ若カ」と行間にあり)滞り候儀御座候節者朝鮮より直ニ船を渡シ　東武江可申上内談ニ而も可有御座候哉与存候由然所頃日都より申来り候者今度欝陵嶋之一件被仰越候返簡之趣不宜候由ニ而使者請取申間敷之段申募接慰官与及論談不埒明候ハヽ返簡之儀東莱江渡置接慰官

それが朝鮮国の思う所と違うので[互いの交流が]差し滞ってしまうのだという。そのような折であるから、朝鮮から[対馬を介さず]直接に船を渡し、東武へ申し上げたい内談などがあっても[それを伝える経路などは無い。対馬を介しては、事が正しく伝わって行かない]と思う所があるのだという。そのような所に、近頃、都から聞こえて来たことは、今度、欝陵嶋の一件が発生し、その[対馬からの]申し出に対する[朝鮮からの]返簡の趣旨が[今ひとつ]宜しくないので[対馬の]使者が請け取らないのだという。[これを書き直すように]申し募っているとのことである。接慰官と論談に及んでいるが、なかなか埒が明かず、その返翰を東莱へ置いたまま、接慰官は

그것이 조선국의 생각과 다르기 때문에 [상호교류가] 막혀버린다고 한다. 그러할 때이므로 조선에서 [쓰시마를 통하지 않고] 직접 배를 보내, 동무에 이야기하고 싶은 내용이 있어도 [그것을 전달할 경로가 없다. 쓰시마를 통해서는 일이 바르게 전달되지 않는다]라고 생각하고 있다 한다. 그러한 상황에서 근래 도성에서 들려오는 것은, 이번에 울릉도 일건이 발생하여, 그 [쓰시마가] 요구한 것에 대해 [조선이 보낸] 반답의 취지가 [약간] 좋지 않아 [쓰시마의] 사자가 청취하지 않는 것이라고 한다. [이것을 다시 작성하라고] 강요하고 있다는 것이다. 접위관과 논담하고 있으나 좀처럼 해결되지 않아, 그 반답을 동래에 놓아둔 채로 접위관은

候ニ付右京殿被仰候ハ 此節付而 [illegible]
奉存候由ニ御座候 今日ハ猶又 [illegible] 書面之通 [illegible]
年来之 [illegible] ニ 被仰付候ハ 其節 [illegible]
被仰含候一件之様子 使者中途ゟ相障(合)
在留 [illegible] 候而 [illegible] 一件 [illegible]
此段 [illegible] 被成 [illegible] 書 [illegible]
伯耆之 [illegible] 東武 [illegible] 御下

儀者急度帰京仕候様ニ被申付候此様子考見申候ニ必定今度之返簡御請取不被成勢ニ致決定候者蔚珎県より直ニ船を渡今度之一件之様子使者中途ニ而相障返簡差留不請取候段其外御国之御難儀ニ罷成申儀共書載書簡相認因幡伯耆之国主を頼　東武江差出シ可申

帰京するよう申し付けられたとのことである。このような様子を考えて見れば、きっと今度の返翰を[対馬が]請け取らないと決定したなら[朝鮮は]蔚珎県から直ちに船を渡し[蔚陵嶋を介して因幡伯耆へ赴き、そこから一連の事情を東武へ訴え出る腹づもりではないか。]今度の一件の様子を[対馬の]使者が中途にて遮り[朝鮮からの]返翰を差し留めて受け取らないという事や、その他の諸事について、つまり御国(対馬)の御難儀に成るような事など様々な事を書き載せた書簡をしたため、因幡伯耆の国主を頼り、東武へ差し出す

귀경하도록 명령받았다는 것이다. 이 같은 상황을 생각해 보면, 틀림없이 이번의 반한을 [쓰시마가] 청취하지 않는다고 결정하면 [조선은] 울진현에서 직접 배를 내어 [울릉도를 중개로 해서 이나바 호우키로 향해, 그곳에서 일련의 사정을 동무에 소송할 심산이 아닐까.] 이번 일건의 상황을 [쓰시마의] 사자가 중간에서 방해하여 [조선의] 반한을 정지시키고 수취하지 않겠다고 하는 일과, 그 외의 여러 가지 일에 대해 즉 나라(쓰시마)에 어려운 문제가 될 것 같은 일 등, 여러 가지를 기재한 서간을 작성하여, 이나바 호우키 국주를 통해 동무에 제출할

心入ニ而も可有御座候得共彼国之風俗併
咄申候ニ付第一実説ニ而御座候故猶更相尋
大切之事御座候ニ付猶以上聞達候ハヽ
御座候而茂御事ニ御座候ニ付聞届候ニ付御尋
請之者ニ付右之段不審ニ御座候ニ付御座候得共
方々無御座候御案内難申上候ニ付尋ニ而合
候儀者當然ニ付 御隠居様御尋之ヶ條ニ
御座候

心入ニ而も可有御座候哉与彼国ニ而風聞仕候由咄申候ニ付万一実説ニ而御座候時者至而大切千万成儀ニ罷成候其上接慰官引取候而者重而御通用之道絶申候付御返簡請取候右之段不審成儀ニ御座候故与左衛門方より急度御案内難申上八右衛門口上ニ申含候由申越候付　御隠居様より御尋之ケ条左ニ記之

心積もりではないか。そのような事が朝鮮国では噂になっていると[和館の商人どもが]話していた。万一にも、そのような事が実際の話であれば[朝鮮の御役目を果たす対馬藩として、その立場が崩れることになる。これは由々しき事]至って大切千万な事である<註7>。[だが与左衛門からは、このような報告は無い。]その上、接慰官が引き取るような事があれば[交渉は破綻であり]重ねて交渉するような道は、もう絶えてしまう[と与左衛門は言う。]それゆえ御返簡を請け取ったのであると[そのように今回の連絡を受けた。だが]右の事は不審なことであるので[さらに詰めて話しを聞いてみたい。]与左衛門からは、その不審の内容について、未だ確実な報告が上がっていない。[それは書面にては]申し上げ難いので、八右衛門の口上に申し含めておいたと[いう。そのような]連絡を[こちらは]受けた。それに付いては御隠居様から[直々に、幾つかの]御尋ねの条目があった。[その一つ一つを]左に記しておく。

심산이 아닐까. 그 같은 일이 조선국에서는 소문나 있다고 [화관의 상인들이] 이야기하고 있었다. 만일 그 같은 일이 사실이라면 [조선과의 교류 역할을 담당하고 있는 쓰시마로서는 그 입장이 붕괴되는 일이다. 이것은 방치할 수 없는 일로] 결국에는 위험천만한 일이다. [그러나 요자에몬으로부터는 그 같은 보고가 없었다.] 게다가 접위관이 철수하는 일이 있으면 [교섭은 파탄되어] 재차 교섭할 수 있는 길은 끊어지고 만다[고 요자에몬은 말한다. 그렇기 때문에 반한을 청취한 것이라고 [그렇게 이번에 연락받았다. 그러나] 위의 일은 의심스러운 일이기 때문에 [다시 자세한 이야기를 들어보고 싶다.] 요자에몬은 그 의심스러운 내용에 대해, 아직 확실한 보고를 보내지 않았다. [그것은 서면으로는] 보고하기 어렵기 때문에, 하치에몬의 구상에 포함시켜 두었다 [한다. 그 같은] 연락을 [이쪽은 받았다.] 그것에 대해서는 은거하신 분이 [직접, 몇 조목] 질문하신 것이 있다. [그 하나하나를] 아래에 기록해 둔다.

一朝鮮之儀ハ何事ニよらす日本と一ニ相替り申候
風俗之様隠密之事ニ候ゆへ以日本ニ
不出候故ニ何事之儀ニ不存候ニ密談之事ニ候
存居候儀ハ少無之害ニ而ハ無之候得共其上ニ而仕候
儀なく候得ハ何方ニ而も常住信用不申
又ハ少々相違之大切成候儀之由信用無之候
中ニ罷在候節ハ必々相違之儀無之様ニ付細ニ
相知候様ニ可仕事

一、朝鮮国之儀者下々ニ至迄口おさまりたる風俗ニ而殊隠密之事者猶以口外ニ不出儀ニ候処ニ此度之密談下々能存居候儀御不審ニ被思召上候此段与左衛門なとハ何分ニ了簡仕居候哉又者ケ様之大切成儀無由緒具ニ咄申筈ニ無之候如何様之首尾ニ付細ニ相知レ候哉之事

御尋ねの条目

一、朝鮮国については、下々に至る迄[御政道について]その世評を口にするような風習はない。殊に隠密の事は猶以て口外しない風習である。だが、この度の密談は下々にまで、よく知れ渡っているような所がある。[これについて御隠居様は、いささか]御不審に思っておられる。この事について、与左衛門などは、いったいどのように思っているのであろうか。このような大切な事は、理由無く具に話し出す筈は無く、どのような首尾によって[下々まで]細かに知れ渡ったのであろうか。[あるいは朝鮮の側の、意図的な漏洩が、ここにはあるのであろうか。]

질문의 조목

1. 조선국에 있어서는 아랫사람에 이르기까지 [정치에 대해] 그 세평을 입에 올리는 풍습은 없다. 특히 은밀한 일은 더욱 입 밖에 내지 않는 풍습이다. 그러나 이번의 밀담은 아랫사람들까지 잘 알고 있는 것 같다. [이에 대해 은거하신 분은 약간] 이상하게 생각하고 계신다. 이 일에 대해 요자에몬 등은 도대체 어떻게 생각

하고 있는 것인가. 이처럼 중요한 일은 이유없이 자세히 이야기 할 리 없어, 어떠한 연유로 [아랫사람들까지] 자세히 알게 된 것인가. [어쩌면 조선 측의 의도적인 누설이 이번에 있었던 것일까.]

一 朝鮮共之儀 彼国之町人ゟ申候
禁中ゟ為申候而御請文を朝廷方へ
心中下移置候事ニ候若国書文有之朝廷
方ニ而呼候而も事務ゟ相尋候様ニ
朝鮮者相渡来候段之儀無之旨ニ候

一、判事共之儀彼国之町人ニ而候故禁中ニ而之御内談又者朝廷方之心中可存筈無之候若用事有之朝廷方江被呼候而も事様子被相尋候斗ニ而判事共江相談等被致候儀決而有之

一、[交渉現場で応対する朝鮮の]判事どもは、彼の国の町人[の身分]であり、禁中の御内談や朝廷方の御心中など知る筈も無い。もしも事情が有り、朝廷方へ呼ばれても、ただ様子などを尋ねられるばかりで、この判事どもへ[朝廷方は]決して相談など

1. [교섭현장에서 대응하는 조선의] 판사들은 그 나라 일반인[의 신분]으로, 금중(궁중)의 내담(은밀한 회의)이나 조정 측의 사고 등을 알 리 없다. 혹시 사정이 있어 조정 측에 호출되어도, 그저 상황 등을 질문받을 뿐, 이 판사들에게 [조정 측은] 결코 상담 등은

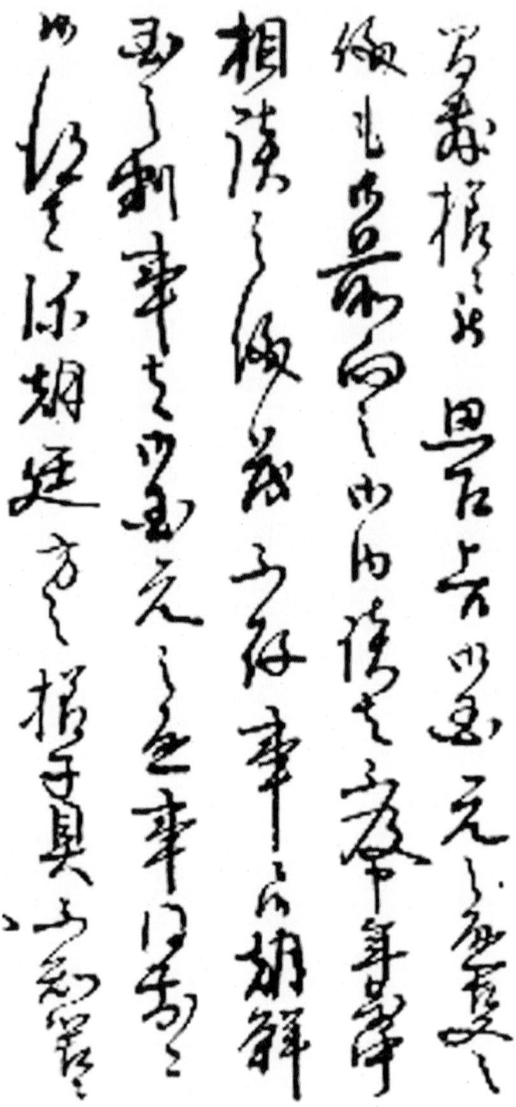

間敷様ニ被思召上候御国元之返事之儀も御前向之御内談者不及申年寄中相談之儀茂不存事ニ候朝鮮国之判事者御国元之通事同前ニ候得者弥朝廷方之様子具ニ不知筈ニ

しない。そのように承知している。[対馬の]御国元の返事についても、殿様や御隠居様向けの御内談は言うまでもなく、年寄中の相談の事も[一切]知らない筈である。朝鮮国の判事は御国元の通事と同前[の役柄]であり、結局は朝廷の[内々の]様子など具には知らぬ筈である。

하지 않는다. 그렇게 알고 있다. [쓰시마] 본국의 회답에 대해서도, 도주와 은거하신 분에 대한 내담은 물론, 가로들의 상담 내용도 [일체] 알 리 없다. 조선국의 판사는 본국의 통사와 같은 [역할]로, 결국은 조정의 [은밀한] 상황 등을 자세히 알 리 없다.

相伴候ハヽ御上之者ニ可申与朝鮮人之口占

若悪事之露顕候ハヽ此方ニ而帰帆之節ニも

其之仕大形ハ仕方宜可為何斟酌

可有之候間此度ハ其殊之外慥成ものニ

申付候様ニとの事

相聞候然上者其下之朝鮮人之口より善悪共ニ密談之沙汰等委咄申筈ニ而無之候大形ハ使者早々可為引取斗策ニ而可有之候哉御落着難被遊候此段者如何心付候哉之事

そうであるならば、その下の朝鮮人の口から、善悪共に密談の沙汰などが委しく話される筈は無い。おおかたのところ、これは使者を早々に引き取らせるための、意図的な策ではなかろうか。[そのような事に翻弄されている使者に対し、御隠居様の]御不審は続いている。それゆえ、なお[交渉の]落着は難しい。このような事について[貴殿は]どのように考えるか。

그렇다면 그 밑의 조선인의 입에서, 선악의 구별없이 밀담 소식 등이 자세히 이야기될 리 없다. 십중팔구, 이것은 사자를 서둘러 돌려보내기 위한 의도적인 방책이 아닐까. [그러한 일에 번롱당하고 있는 사자에 대해, 은거하신 분의] 의심은 계속되고 있다. 그렇기 때문에 더욱 [교섭의] 낙착은 어렵다. 이 같은 일에 대해 [귀하는] 어떻게 생각하는가.

一 此風説之儀第一実説ニ而候ハヽ大切
成事ニ存候 然共（而）少之儀成ニ付
手前ニ而法度ニ候故此之窺ニ謹而（候而）申合候様
被仰付候処 風説ニ付 伝承（候）ニ而御座候 不
請合ニ而申間敷（候）家老中ニ而無之可申上

一、此風説之儀万一実説にて候得者大切ニ存早々書簡請取候由左様之首尾候ハヽ其沙汰有之段先密ニ誰そニ申含右之趣段々ケ様之風説仕候故御書簡早々不請取候而不叶由爰元ニ御案内可申進

一、この風説の事が、万一実説であれば大変な事であり、それを危惧し、早々に書翰を受け取ったとの事であるが[それは早計では無かったか。]もしそのような顚末に至るのであれば、その噂が有る事を、先ずは密かに誰ぞに申し含め、右の趣旨を色々と[探索し]このような風説があることを聞いたので、御書簡を早々に受け取らぬわけには行かなくなったと、こちらに報告を上げる

1. 이 풍설 내용이 만일 사실이라면 큰 일로, 그것을 위구하여 서둘러 서간을 수취했다는 것인데 [그것은 경솔한 일이 아니었을까.] 만약 그러한 전말이었다면, 그런 소문이 있다는 것을 우선 비밀리에 누군가에게 자세히 이야기하여, 위의 취지를 여러 가지로 [탐색하여] 이 같은 풍설이 있다는 것을 들었으므로 서간을 서둘러 수취하지 않을 수 없다고, 이쪽에 보고를 올(려야)

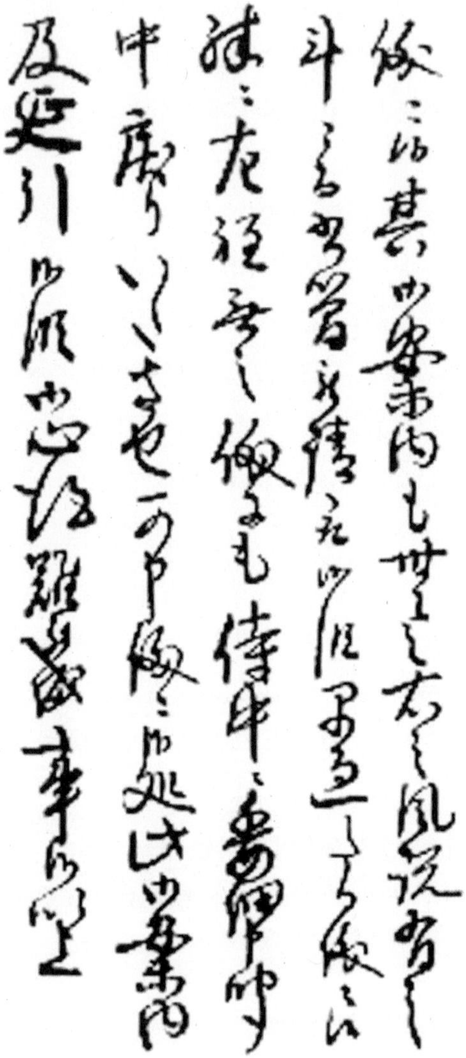

儀ニ候其御案内も無之右之風説有之斗ニ而書簡被請取候段早過たる儀ニ候殊ニ左程無之儀にも侍中ニ委細申聞中戻りいたさせ可申儀ニ候処此御案内及延引候段御心得難被成事候以上

べきであろう。そのような報告も無く、右の風説が有るばかりで、早々に御書簡を受け取られたことは[まことにもって]軽率ではないか。殊に、さほどでも無い事にも[部下の]侍に委細を申し含め[一旦]中戻りさせ[国元に]報告を上げるべき事になっている。そのような処であるのに、この度の報告は[中戻りもせず]ただ延引に及び[途中の報告が無いまま]このような結果に至った。[御隠居様は、このことを]承知できないことだと、お考えになっておられる。以上である。

(올)려야 했을 것이다. 그러한 보고도 없이, 위의 풍설이 있다는 것만으로 서둘러 서간을 수취했다는 것은 [참으로] 경솔하지 않은가. 별로 특별하지 않은 일도 [부하] 무사에게 자세히 설명하여 [일단] 중간에 돌려보내 [본국에] 보고를 올리게 되어 있다. 그런데도 이번 보고는 [중간에 돌려보내는 일도 없이] 그저 연기되자 [도중에 보고하지 않은 채] 이 같은 결말에 이르렀다. [은거하신 분은 이것을] 이해할 수 없는 일이라고 생각하고 계신다. 이상이다.

註1、式次第を済ませ、こちらから返翰を引き取らせて貰う

第二次交渉は合意に到らなかった。それゆえ今度の返翰は受け取れない。この返翰は、果たして東莱府に残されるのか、草梁和館に残されるのか。東莱府に残されたならば、対馬に受け取りを拒否された形で、接慰官は帰京という首尾に終わる。それは交渉の破綻である。だが草梁和館に残された形になれば、朝鮮側にすれば、書翰は対馬に渡した形になり、接慰官は首尾を果たして帰京ということになる。朝鮮の側に交渉の破綻という形はない。一方、対馬の側からすれば、草梁和館は朝鮮の中に在る。それゆえ書翰は、まだ海を渡って日本にもたらされたわけではない。すなわち交渉は継続中で、まだ破綻ではない。そのような形を作ることができる。そこで多田は、この書翰を受け取ることを決意した。もちろん和館に留め置くつもりである。

서한의 수취

제2차 교섭은 합의에 이르지 못했다. 그렇기 때문에 이번의 반한은 수취할 수 없다. 이 반한은 과연 동래부에 남겨지는 것인가, 초량화관에 남겨지는 것인가. 동래부에 남겨졌다면, 쓰시마가 수취를 거부한 형태로 접위관이 귀경하는 상황으로 끝난다. 그것은 교섭의 파탄이다. 그러나 초량화관에 남겨진 형태라면, 조선 측으로서는 서한을 쓰시마에 건넨 것이 되어, 접위관은 임무를 수행하고 귀경한 것이 된다. 조선 측에게는 교섭의 파탄이라는 형태가 아니다. 한편 쓰시마 측으로서는 초량화관은 조선 안에 있다. 그렇기 때문에 서한은 아직 바다를 건너 일본에 전해진 것은 아니다. 즉 교섭은 지속 중으로 아직 파탄된 것은 아니다. 그러한 형태를 만들 수 있다. 그래서 타다는 이 서한을 수취할 것을 결의했다. 물론 화관에 남겨둘 생각이었다.

註２、戦乱の危機を察知し、あちらから何らかの手入れが有ると思う

これは多田の思い込み、すなわち武に対する過信である。もはや戦国の世ではない。そのような名残も今や消滅の時期である。徳川綱吉政権は、将軍の権威を以て諸大名を取り潰し改易していったが、それは平和の秩序を維持するためのことで、まさに武から文の時代に入っていた。天和二年の朝鮮通信使派遣は、そのような日本の事情を朝鮮に伝えていた。接慰官の兪集一と、それを支える背後の小論派政権(領議政の南九万、左議政の朴世采、右議政の尹趾完)は、そのような日本事情について、充分に知悉していた。右議政の尹趾完自身、天和二年の通信使一行の正官である。

전란의 위기

이것은 타다의 생각으로 무위에 대한 과신이다. 이미 전국시대가 아니다. 그런 명목도 이미 소멸된 시기이다. 토쿠가와 쓰나요시 정권은 장군의 권위로 다이묘우들의 세력을 무너뜨리고 개역해 갔지만 그것은 평화질서를 유지하기 위한 것으로, 그야말로 무에서 문의 시대로 접어들고 있었다. 텐나 2년의 조선통신사 파견으로, 그 같은 일본 사정이 조선에 전해졌다. 접위관 유집일과 그를 지탱해주는 배후의 소론파 정권(영의정 남구만, 좌의정 박세채, 우의장 윤지완)은 그러한 일본의 사정에 대해 충분히 알고 있었다. 우의정 윤지완 자신도

텐나 2년의 통신사 일행의 정관이었다.

註3、持ち渡った書簡を持ち戻るようになどとは言い出さぬ筈である

ここでも対馬側の交渉の手法、すなわち形式主義、前例主義が顔を出す。形式に則り、前例に則り、事を進めようとする。だが何度も政変を経験した朝鮮側に、そのような形式主義、前例主義が通用する筈はない。事の本質を争う場合、全く勝負にならなかった。

형식과 전통

여기에도 쓰시마 측의 교섭 방법 즉 형식주의, 전례주의가 나타나 있다. 형식에 따라 전례에 따라 일을 진행하려고 한다. 그러나 여러 차례 정변을 경험한 조선 측에 그 같은 형식주의, 전례주의가 통용될리 없다. 사건의 본질을 다투는 경우, 전혀 상대가 되지 않았다.

註4、十月朔日には出発と手筈を相定めた

接慰官は、ここで日限を指定し、交渉打ち切りを伝えて来た。

교섭의 결렬

접위관은 여기서 일정을 지정하고 교섭의 종결을 전해 왔다.

註5、交渉の継続を図ろうと、出宴席を行うべき旨あちらに申し伝えた

交渉打ち切りの形にさせてはならないと、なお多田は踏ん張る。

だが力は兪集一に遥かに及ばない。その押し込まれた形で交渉は続き、ついに出宴席へと至ったのである。

외교능력

교섭이 종결된 형태가 되어서는 안 된다고, 다시 타다는 버틴다. 그러나 능력은 유집일에게 전혀 미치지 못한다. 밀리는 교섭이 계속되어, 결국 출연석을 열게 되었다.

註6、船二艘で欝陵嶋へ派遣された

張漢相による百五十艘からなる欝陵島探索が行われる。それに先立ち、まず予備隊の派遣があった。それがこの船二艘による欝陵島派遣である。安同知と釜山の地頭とが、この時、派遣されたことを伝える。

울릉도 파견

장한상은 150척으로 울릉도를 탐색했다. 그에 앞서 먼저 예비대의 파견이 있었다. 그것이 2척의 배를 울릉도에 파견한 일이었다. 안동지와 부산의 지두가 이때 파견되었다는 것을 전한다.

註7、実際の話であれば由々しき事で、至って大切千万な事

対馬を介さず、朝鮮から欝陵島を経由し、鳥取へ、そして江戸へと連絡が行くようになれば、対馬の役割は終わってしまう。これは由々しきことである。それゆえ宗義真は、この件についての情報が、釜山の和館から上がって来ないことに、いらだちを隠さない。

御隠居様からの「御尋ねの条目」内容は、その不機嫌な様子を反映するものである。

쓰시마의 위기

쓰시마를 거치지 않고 조선에서 울릉도를 경유하여 돗토리에, 그리고 에도에 연락할 수 있게 되면, 쓰시마의 역할은 끝나고 만다. 이것은 방치할 수 없는 일이다. 그렇기 때문에 소우 요시자네는 이 건에 대한 정보가 부산의 화관에서 올라오지 않는 것에 초조감을 숨기지 않는다. 은거하신 분의 「질문의 조목」 내용은 그것에 대한 불쾌감을 반영한 것이다.

【참고사항】

쓰시마(対馬)

쓰시마의 대부분은 主島 쓰시마지마(対馬島)가 점하고 주위에 100개 이상의 속도가 있다. 일반적으로는 이 対馬島와 속도를 합해 対馬라고 부른다. 옛날에는 쓰시마노쿠니(対馬国)나 다이슈(対州)라 했다. 『일본서기』에서는 対馬島 3자를 합하여 「쓰시마」로 읽는다. 한국과 가까워 예부터 대륙의 문화와 경제를 받아들이는 창구 역할을 수행했다.

古代

建国神話로 불리는 『古事記』에는 최초로 태어난 8도 중의 하나로서 「津島」라고 기록되어 있고, 『日本書紀』에는 「対馬洲」, 「対馬島」로 기록되어 있다. 『魏志倭人伝』(정식으로는 三国志 · 魏書 · 東夷専 · 倭人条)에는 왜의 일국으로, 한국 남안의 「狗耶韓国」(경상남도 김해 부근) 다음에 「対馬国」으로 등장한다. 対馬国은 狗耶台国에 속하고 卑狗, 卑奴母離라는 부관이 통치했다. 『日本書紀』에는 神功皇后가 対馬 북단(지금의 鰐浦)을 출발하여 신라를 복속시키고 屯倉을 설치했다는 내용이 있다. 『삼국사기』에는 신라 18대 実聖尼斯今 7(408)년에 왜인이 신라를 습격하기 위해 쓰시마에 군영을 정비했다는 내용이 있다. 이처럼 쓰시마는 조선 침략의 중개지로서 역할을 수행하고 있었다. 왜국은 당과 신라의 침공에 대비하여 664년에 사키모리(防人)를 두고 8개소에 봉화소를 설치했다. 그 후 여러 곳에 성을 쌓아 국경의 요새가 되었다. 이 때문에 国府와 많은 神社를 건립했다. 674년에는 은을 조정에 바쳤는데, 이것이 일본 최초의 은 산출이다. 701년에는 쓰시마에서 산출된 금을 헌상했는데, 조정은 이를 축하하여 일본 최초의 원호 「大宝」를 세웠다.

中世

12세기에 소우씨(宗氏)의 시조 고레무네(惟宗)씨가 쓰시마에 입국한다. 고레무네는 원래 다자이후(大宰府) 의관인으로, 치구젠노쿠니(筑前国) 무나카타군(宗像郡)에서 왔다. 점차로 실권을 장악하며 무사화해 갔다. 그때까지는 국교가 없는 고려와 교역을 하는 아비루(阿比留)씨가 세력을 잡고 있었다. 아비루씨가 다자이후의 문책에 저항하자, 1246년에 다자이후의 명을 받은 코레무네 시게히사(惟宗重尚)가 아비루씨를 정토하고 쓰시마의 지배권을 확보했다. 카마쿠라시대(鎌

倉)에는 두 번에 걸친 몽고의 침략이 있었다. 이후에 왜구의 활동이 심해지자 쓰시마는 왜구의 근거지가 되었다. 1366년에는 고려가 왜구 단속을 요청했고, 쓰시마가 이에 응하여 고려와 통교하기 시작했다. 1389년에는 朴葳(?~1398)가 왜구를 토벌하기 위해 쓰시마를 정벌했다. 박위는 고려말 조선초의 문신으로, 우달치(迂達赤)로 등용된 뒤 김해부사가 되어 왜적을 물리쳤고, 1388년 요동정벌 때는 右軍都統使 이성계를 따라 위화도에서 회군한 인물이다. 1587년에 토요토미 히데요시(豊臣秀吉)가 九州를 정벌하자 소우씨는 臣従을 서약하고, 1590년에 쓰시마노카미(対馬守)를 임명받아 계승했다.

임진왜란 때는 소우 요시토시(宗義智)가 5,000인을 동원하여 코니시 유키나가(小西行長)의 1번대로, 일본군의 선진을 맡아 부산·한성·평양을 공략했다. 1600년의 세키가하라 전투(関原戦闘)에서는 서군에 참가했으나, 서군이 패배한 후에는 토쿠가와 이에야스(徳川家康)의 용서를 받고 조선외교의 창구를 맡았다. 이후 소우씨가 쓰시마를 지배했다. 이것을 対馬府中藩(통칭 対馬藩)이라 하고, 参勤交代制에 따라 3년에 한 번씩 에도의 征夷大将軍을 알현했다. 쇄국체제에서 부산에 왜관을 설치하고 조선통신사의 영송을 책임지는 등 조선외교의 중개자 역할을 수행했다.

소우 요시자네(宗義真)

쓰시마 후츄우번의 제3대 번주. 1639(寛永16)년 11월 18일에 제2대 번주 소우 요시나리(宗義成)의 장남으로 태어났다. 1655(明暦원)년 6월에 임관되어, 1657(메이레키3)년에 부친이 사거하자 가독을 상속하여 제3대 번주가 되었다. 시종(侍従) 쓰시마노카미(対馬守)로 임관했다.

번정에는 오오우라 미쓰토모(大浦光友)를 등용하여 재정정리, 조선무역의 확대, 칸분(寛文)의 검지로 지방지행제(地方知行制)를 쿠라마이(蔵前)지행제로 이행하고, 1664년에는 균전제를 실시하는 등 세제개혁, 신전개발(新田開発), 은산개발, 항구정리를 확대하고 번교를 창설하여 번정의 기초를 굳혔다. 또 쓰시마 후츄우번(府中藩)의 격식은 10만고쿠(石) 격까지 올랐다. 쓰시마 후츄우의 실질 고쿠타카(石高)는 1만 고쿠 정도였으나, 무역수지가 많았던 것을 고려했다. 이렇게 하여 쓰시마 후츄우번(府中藩)의 전성기를 구축했다.

그러나 급속한 개혁, 특히 지행제도 개혁은 가신단의 불만을 사게 되어, 1665년 2월에 오오우라 미쓰토모는 사형에 처해진다. 1692(원록5)년 6월 27일에 차남 요시쓰구(요시토모:義倫)에게 가독을 넘기고 은거했으나, 번정의 실권은 그대로 장악하고 있었다. 그러다 요시쓰구가 요절하자 죽도문제에 있어 조선과의 교섭이 어려워지고, 또 조선무역수지도 감퇴되는 등 악조건이 겹치게 되었다. 이것으로 쓰시마는 쇠퇴하기 시작하여, 1699(원록 12)년에는 재정을 재건하기 위해 지행을 빌리게 되었다. 요시쓰구의 사후에는 4남 요시미치(義方)를 옹립하고 스스로는 1702년 8월 7일에 사거할 때까지 실권을 장악하고 있었다.

쿠라마이(蔵米) 치교우(知行)

쿠라마이 큐우요(給与)라고도 하며 에도막부와 번이 가신에게 봉록으로 知行地(녹으로 주는 토지와 백성) 대신에 蔵米(창고의 쌀)를 지급하는 일. 이것을 받은 가신을 쿠라마이토리(蔵米取)라 한다. 본래 무사에게는 주군이 가신에게 영지의 일부를 지행지로 주는 地方知行

이 기본이었다. 그러나 에도시대가 되자 주군인 장군 혹은 大名에게 토지지배권이 집중되거나 번중앙과 가신의 年貢米売却의 경합이 이루어져, 米価가 하락하고 더불어 換金収入이 감소하여, 재정상 형편으로 地方知行을 그만두고 蔵米知行으로 바꾸는 경우가 증가했다.

오오우라 곤타유(大浦権太夫)

생년과 출생지 불상. 쓰시마 사고 태생이라는 말이 있다. 이름은 미쓰토모. 오오사카, 구라야시키의 소역으로 지내다 상재를 익히며 두각을 나타냈다. 다시로령(지금의 사가현 도스시 주변)의 쌀을 독점적으로 인수받아 오오사카 시장에 판매하는 역할을 맡아 쓰시마번의 재정에 공헌했다.

1649(게이안 2)년에는 상매주의 판매와 인삼 판매에도 관계했다. 나가사키에 가서 중국선을 상대로 인삼이나 비단 등의 무역품 판매에도 관여했다. 그러한 곤타유를 번주 소우 요시나리는 「상매의 달인」이라고 높이 평가했다. 1651(게이안 4)년에 소우 요시나리가 번의 상매로 필두 가로 히라다 장감과 오오우라 곤타유를 임명하고, 여러 대관의 교대, 구라카카리 후나미역의 교대 등, 기존의 제역 인사를 일신하여, 새롭게 번재정의 재건을 꾀했다. 1652(게이안 5)년에 곤타유는 조선에 도해하여, 조선무역의 상황을 조사하고 외상매출금의 실태를 파악했다. 그리고 잠상의 실태를 적발하고 유착역인을 처분하여, 새로운 무역체제를 확립했다. 그로 인해 번주 요시나리의 신임은 두터웠다. 요시나리는 죽음에 임하여 후계자 요시자네에게 곤타유의 수완을 충분히 이용하라는 유언을 남겼다.

1657(메이레키 3)년에 습봉한 요시자네는 부의 유명을 받아 곤타유

를 등용한다. 그를 오오사카에서 불러들여 지배역인 재정의 총책임자로 임명했다. 1659(반지 2)년에 곤타유는 번사의 봉공미를 새로운 기준으로 정하고, 그것을 축으로 해서 집안의 출비를 고정하여 행정을 개혁했다. 번의 명령계통을 명확히 하고 상의하달의 철저를 기했다. 민정에도 힘을 쏟아, 마침 발생한 부내(지금의 이즈하라)의 대화재에는 구제미 1만 석을 막부에서 받아 이재민을 구호했다. 동시에 화재로 소멸한 마을의 재건을 위해 구역을 새로 정리하여, 성하마을로 마을을 새롭게 건설했다. 1660(반지 3)년에는 쓰시마 8향(쓰시마는 2군 8향)을 검지하여 그 생산력과 인축을 파악했다. 그리고 급인지행지의 파악을 전제로 급인지행권의 개편을 시작했다. 그것은 토지를 교환하는 가에치(替地) 정책을 말하는 것이다. 그 이전에 지방지행제(장군 및 대명이 가신에게 봉록으로 주는 지행을, 地方으로도 부르는 토지 所領 및 그에 부속하는 百姓의 형태로 주어 지배하게 하는 것)를 폐지하고 쿠라마이 치교우제(봉록으로 지행지 대신에 창고에 보관하는 쌀을 지급하는 것)로 이행할 것을 기도했다. 그것은 병농분리의 실천으로 쓰시마를 중세에서 근세로 변화시키는 정책이었다. 그 결과 번사는 부중에 거주하는 부사(성하사)와 향촌에 남는 재향급인(향사)으로 나누어 각각 군역, 제역을 부과했다. 그 봉록제 개혁에 따라 새로운 봉건 가신단이 형성되고, 그것에 근거한 직제기구가 정비되어 갔다. 영주권력의 절대적 우위제가 여기서 확립되었다. 그 대개혁에 의해 쓰시마의 절정기, 즉 소우 요시자네의 치세가 시작된다.

번정의 총지배인에 취임한 당초, 곤타유는 불과 7고쿠를 받는 소신자(신분이 낮은 사람)에 불과했다. 재능을 인정받아 발탁되었으나 대대의 중신이나 기존질서의 상위자, 즉 우마마와리(馬廻:기마무사로

평시에는 영주를 호위하며 보좌한다.)들의 저항이 있었다. 이를 각오하고 번주의 절대적인 지원을 요청했다. 즉 곤타유의 지시에 위반하는 자는 번주가 처단하는 것으로, 으뜸재상으로 일종의 절대권을 부여받았다. 그러나 발탁에 의한 권력장악이었기 때문에 수족이 되는 부하가 없었다. 번 내에 튼튼한 인적기반을 갖지 못한 그는, 그 지원을 친척들에게 구했다. 그래서 오오우라 곤타유의 독점적인 지배는 오오우라 일족의 지배로 이어졌다. 경찰권과 사법권 그리고 재정권까지 일족이 독점하고 저항세력인 중신들과 상담하는 일은 하지 않았다. 때문에 노신, 보대신들의 강한 반감을 사게 된다.

1662(간분 2)년에 결국 지방지행제의 폐지를 실행했다. 영내의 모든 전답을 영주권에 흡수시키고 농민에게 「갑진의 땅분배(균등제)」를 실시하고, 공사부역을 은납제로 하여 농민의 자립화를 기도함과 동시에, 재향급인의 농노주적 경영형태를 해체했다. 즉 근세향토제를 출발시켰다. 그러나 이 대개혁에 대해 중신이나 상사, 그리고 향사들이 일제히 불만을 토로했다. 그리고 그들 구세력이 결집하여 총력을 다해, 번주에게 선처를 요구했다. 구세력의 반격이 시작된 것이다. 번 내에서는 곤타유에 대한 악평이 들끓어 그 실패 사례, 출납 오류 등을 차례차례 폭로했다. 매일 같은 참언에 번주 요시자네도 귀를 기울이게 되어, 곤타유에 대한 두터운 신뢰도 점차 실추해 갔다. 번주의 후원없이 곤타유의 지배는 이루어질 수 없다. 결국 병을 이유로 쿄우토에 은거했다. 쿄우토에는 쓰시마의 저택이 있고, 생사 거래에 따른 쿄우토 비단집과 교류하고 있었다. 그러나 실권을 잃은 곤타유에 대한 노신들의 복수는 처참했다. 그의 은거를 용납하지 않았다. 1664(간분 4)년에 그의 독재적 권한행사에 엄중한 혐의를 걸었다. 무조법자

라고 단죄하여 폐문을 명받았다. 그리고 자시키로(私設軟禁施設)에 갇혔다. 다음 1665(간분 5)년에 자식 및 손자와 같이 사형을 명 받았다. 유예도 없이 항변도 허가하지 않고, 즉각 처형하고 말았다. 곤타유는 번정개혁을 위한 그야말로 희생양이었다.

○同七年十月言 接慰官渡来有之

【大綱二八段(元祿七年十月③)】

(28-00)

○ 同七年十月六日接慰官帰京有之

【大綱二八段(元祿七年十月③)】

(28-00)

○ 元禄七年十月六日、接慰官が帰京した。

【대강 28단(원록 7년 10월 ③)】

(28-00)

○ 원록 7년 10월 6일에 접위관이 귀경했다.

〃十月六日接慰官ゟ之使朴同知朴僉知
入館裁判方へ罷越接慰官ゟ問上申候ハ
此間段是ハ何之為ニ有之候哉
一件之儀ニ付申上候趣朝廷方ゟ御合点
無之候ニ付見へ被仰出候処 其色紙
返答可有之候ニ付漸ク延引可然候
家へ入来候ニ付書掛候目録候
接慰官方ゟ使者裁判事接待仕候
朴同知朴僉知被申聞候ニ付

(28-01)

〃十月五日接慰官より為使朴同知朴僉知入館裁判方江罷越接慰官より口上申候ハ弥明日発足候付而為暇乞両人差越申候一昨日段々懇ニ申聞候趣朝廷方能合点参候様ニ具ニ致注進候定而首尾能返簡可参候間御待被成候へとの口上ニ而殊外念入被申登候下書掛御目度程ニ接慰官被申候由両判事挨拶仕候朴同知朴僉知儀御馳走之為ニ候得ハ

(28-01)

〃十月五日、接慰官から使いとして、朴同知と朴僉知とが入館してきた。裁判方へ罷り越し、接慰官からの口上を伝えて来た。いよいよ明日[都へ向けて]出発する。それに付いて、お暇乞いをするため両人を差し向けた。一昨日[すなわち十月三日の出宴席で]色々と懇ろにお聞きした御趣旨について、朝廷方が能く合点する様に、具に注進を行った。きっと首尾よく[新たな]返簡が罷り下る事であろう。[そのように思うので、今しばらく]御待ち下さいと、そのような口上を伝えて来た。殊の外、念を入れて報告をしたので[そのような]下書きを[御使者にも]御目に掛けたい程であったと接慰官は申されていた。そのように両判事は挨拶をした。朴同知と朴僉知は[使者への]馳走役を命じられている為、

(28-01)

〃10월 5일에 접위관의 사자로 박동지와 박첨지가 입관했다. 재판 쪽에 가서 접위관이 보낸 구상을 전했다. 드디어 내일 [도성을

향해] 출발한다. 그것에 대해 이별을 고하기 위해 양인을 보냈다. 그저께 [즉 10월 3일의 출연석에서] 여러 가지로 성의껏 말씀하신 취지에 대해, 조정이 납득할 수 있도록 자세히 주진했다. 틀림없이 상황이 좋은 [새로운] 반한이 내려올 것이다. [그렇게 생각하니 잠시] 기다려 주십시오라고, 그러한 구상을 전해 왔다. 특별히 마음을 써서 보고했으므로 [그 같은] 초안을 [사자에게도] 보이고 싶을 정도였다고 접위관은 말하고 있었다. 그렇게 양판사는 인사를 했다. 박동지와 박첨지는 [사자에게 보내는] 치주역을 명받았기 때문에,

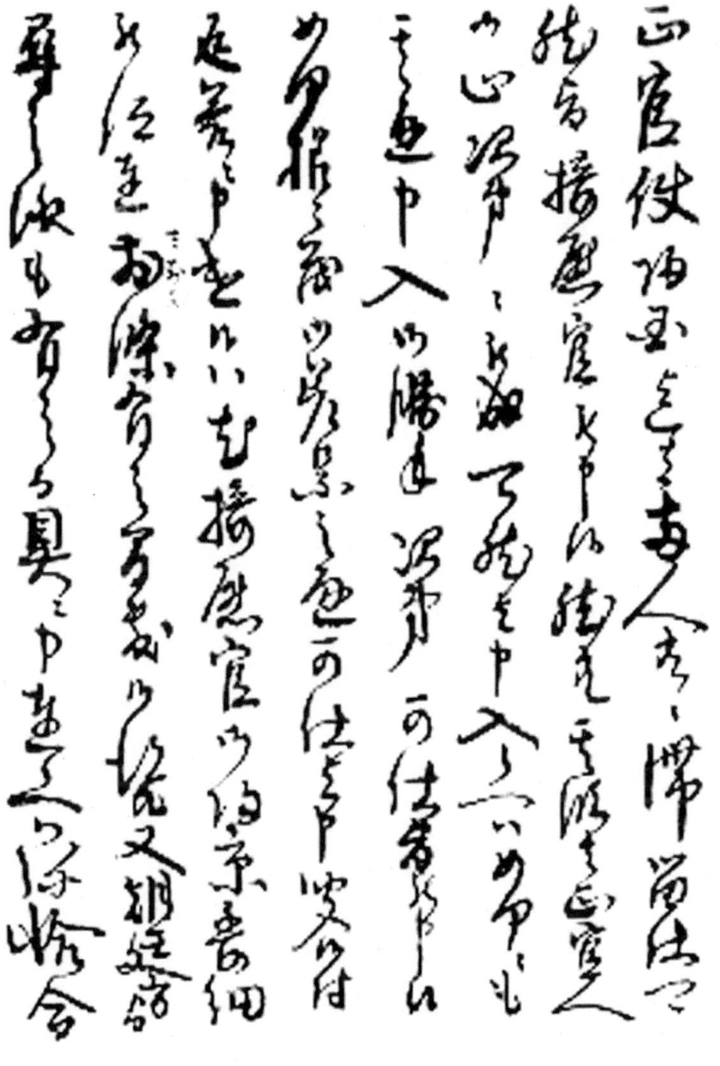

正官使帰国迄者両人共ニ滞留仕可然旨接慰官被申候然共其段者正官人御心次第ニ被成可然与申入候へハ如何ニも其通申入御勝手次第可仕旨被申候如何様ニ茂御差図之通可仕与申聞候付返答ニ申遣候ハ尤接慰官御帰京委細被仰達別条有之間敷候得共又朝廷方より尋之儀も有之而具ニ申達候へハ弥恰合

正官殿の御帰国まで両人共に[東莱に]滞留し、然るべき要件を果たすように接慰官が申されていたという。しかしながら、その[御帰国までの]事は正官殿の御心に叶うままに成さって結構であるという。そのような申し入れを言って来た。そこで、いかにもその通りに[こちらは]勝手次第にすると、そのような趣旨を申し出ると[彼らは]どのようにも御差図の通りに致しますと言う。[そこで彼らへ早速]返答を申し遣わした。伝えた事は、接慰官が御帰京になり、その委細を報告なさっても[それによって]格別な事が起こるわけは無い。だが朝廷から[その方たちにも]お尋ねが有り[それに応じて実際の交渉を]具に報告すれば[接慰官の報告と、その方たちの報告が]いよいよ符合し[朝廷は事態を正しく把握できるようになる。すると]

정관님이 귀국할 때까지 [동래에] 체류하며, 담당한 용건을 수행하도록 접위관에게 명받았다 한다. 그러므로 [귀국할 때까지의] 일은 정관님이 생각하는 대로 하셔도 좋다 한다. 그러한 일을 말했다. 그래서 참으로 그렇게 [이쪽이] 멋대로 하겠다고, 그러한 취지를 이야기하자 [그들은] 어떻게든 지시하는 대로 하겠다고 말한다. [그래서 그들에게 서둘러 답변을 보냈다.] 전한 것은 접위관이 귀경하시어, 그 자세한 것을 보고하셔도 [그것 때문에] 각별한 일이 일어날 리 없다. 그러나 조정에서 [그쪽 분들에게] 질문하여 [그것에 응하여 교섭한 실제를] 구체적으로 보고하면 [접위관의 보고와 그분들의 보고가] 서로 부합하여 [조정은 사태를 바르게 파악할 수 있게 된다. 그러면]

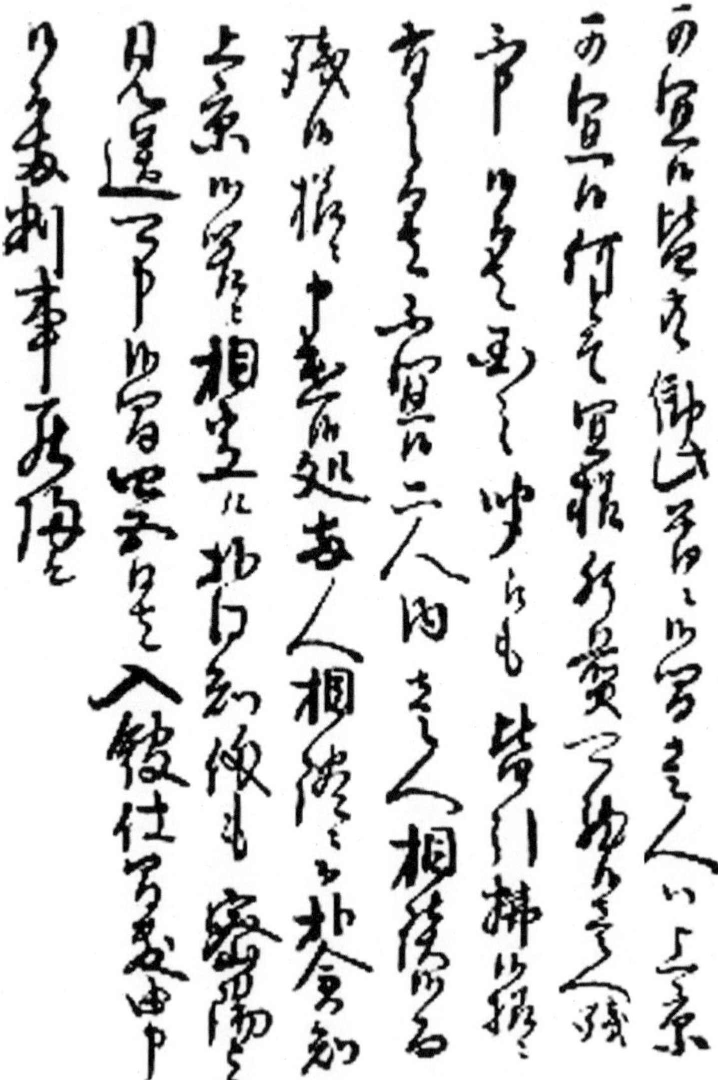

可宜候皆共働此節ニ候間壱人ハ上京可宜候何とそ宜様肝煎可然候壱人残不申候而者国之聞江も皆引払候様ニ有之而者不宜候二人内壱人相談候而残候様ニ申遣候処両人相談ニ而朴僉知上京候筈ニ相定候朴同知儀も密陽迄見送可申候間四五日者入館仕間敷由申候而両判事罷帰候

宜しい結果に至るであろう。その方たちの働き[に対する朝廷の評価]は、このような機会にこそ成されるのである。だから[その方ら二人の内の]一人は[この際、もう]上京するのが宜しいであろう。その上で、何とぞ宜しい様に[朝廷に]取り持って行動して貰いたい。もう一人については[当地に]残っていなくては本国[対馬]への聞えも[悪い。]皆が引き払った様になっては[使者の立場上]宜しく無い。相談して二人の内の一人が[この地に]残るようにと申し遣わした処、両人の相談によって、朴僉知が上京する手筈と定まった。朴同知も[接慰官の上京を]密陽迄見送りするので、四、五日の間は入館できないとのことを申し述べ、この両判事は帰っていった。

좋은 결과에 이르게 될 것이다. 그분들의 활동[에 대한 조정의 평가]는 이러한 기회에 이루어지는 것이다. 그러므로 [그분들 두 사람 중] 한 사람은 [이 참에 아주] 상경하는 것이 좋을 것이다. 그러한 후에 어떻게든 잘 되게 [조정에] 주선해 주었으면 좋겠다. 나머지 한 사람에 대해서는 [당지에] 남아있지 않으면 본국 [쓰시마]이 나쁘게 생각할 수 있다. 모두가 철수해 버린 것처럼 되어서는 [사자의 입장상] 좋지 않다. 상담하여 두 사람 중 한 사람이 [이곳에] 남도록 말하자, 두 사람이 상담하여 박첨지가 상경하는 것으로 정했다. 박동지도 [접위관의 상경을] 은밀하게 전송하기 때문에 4, 5일간은 입관할 수 없다고 말하고, 양판사는 돌아갔다.

一 同月十四日朝入館都船主方へ罷出

申候ハ此度東萊日上ニ而今度御講定之義ニ付

御座候ハ御答相成候様ニ与御掛合相成候

旨被申候ニ付右之趣裁判中様へ

別差へ申達ス

(28-02)

〃同月十四日朴同知入館都船主方江罷出申聞候者東莱口上ニ頃日者打続悪天気ニ而御座候別而相変儀無之候哉朴同知儀昨夜帰着候付為見廻差越候由申来候則返答申遣ス

(28-02)

〃十月十四日、朴同知が入館して来た。都船主方へ来て話したことは、東莱府使からの口上であった。すなわち、近頃は打ち続く悪天気でありますが、格別に変わった事も無く、日々を過ごしております。朴同知が昨夜[見送りに行っていた密陽から戻り、東莱府に]帰着致しました。[草梁和館の周囲の]見廻りをさせ[そちらに御挨拶に]伺わせますと、このように[東莱府使からの伝言を]申し伝えて来た。そこで[東莱府使に対し]返答を申し伝えた。

(28-02)

〃10월 14일에 박동지가 입관했다. 도선주 쪽에 와서 이야기한 것은 동래부사가 보낸 구상이었다. 즉 근래는 계속되는 악천후입니다만, 각별히 변한 일도 없이 나날을 보내고 있습니다. 즉 박동지가 어젯밤 [전송하러 갔던 밀양에서 돌아와, 동래부에] 귀착하였습니다. [초량화관 주위의] 순회를 시켜 [그쪽에 인사하러] 보냅니다, 이렇게 [동래부사가 전언을] 전해 왔다. 그래서 [동래부사에게] 반답을 전했다.

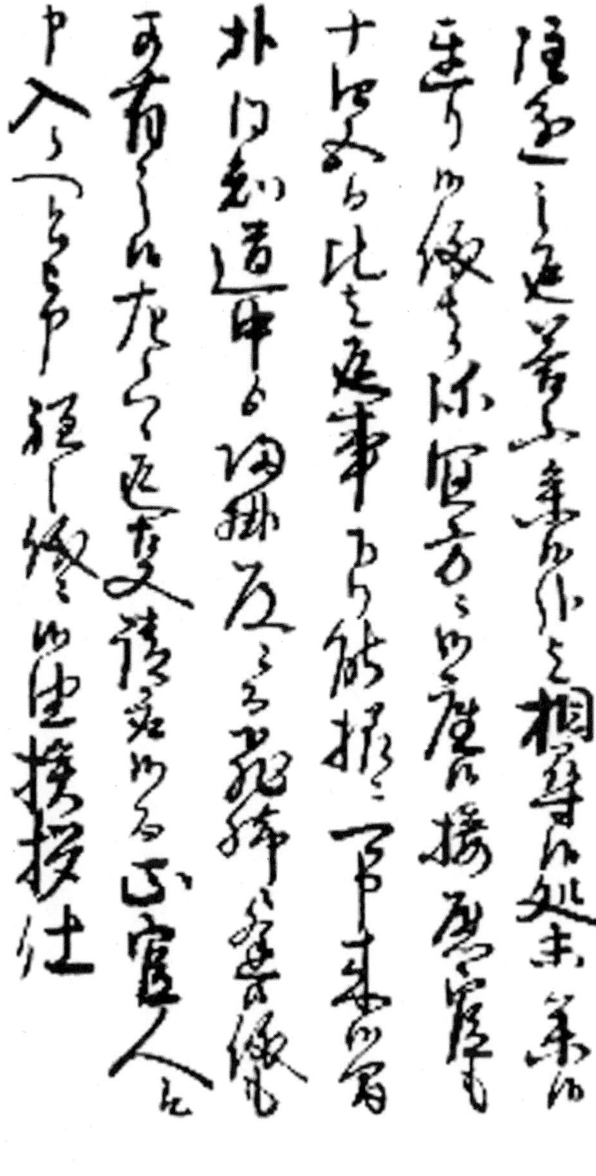

〃注進之返答不参候哉与相尋候処未参候遅り候儀者弥宜方ニ御座候接慰官も十四五日比者返事下り能様ニ可申来候間朴同知道中より帰掛道ニ而飛脚ニ逢候儀も可有之候左候ハヽ返事請取候而正官人江申入候へと被申程之儀ニ候由挨拶仕

〃注進の返答は、まだ参ってないのかと[朴同知に]尋ねた処、まだ参ってはおらず、ただ遅れているだけの事です[と応じて来た。やがて参って来ると言うのであれば]いよいよ宜しい方向に事は進むかもしれない。接慰官も十四、五日頃には返事が下り、宜しい様に申して来ると、そのようにも言っていたが[と、さらに話し掛けると]朴同知の言うには、道中の帰り掛けの道で[都から書簡を運ぶ]飛脚に逢ったとの事であった。そうであるので[そのまま飛脚から]返事を請け取り[待っておられる]正官殿へ[直に]お届けしたいと、そのような話しを[飛脚と]する程であったと、そのような返答をして来た。

〃주진한 반답은 아직 오지 않았는가라고 [박동지에게] 묻자, 아직 오지 않고 그저 늦어지고 있을 뿐입니다[라고 답했다. 곧 올 것이라고 말하는 것이라면] 결국 좋은 방향으로 일이 진행될지도 모른다. 접위관도 14, 5일경에는 답변이 내려와, 좋은 방향으로 전해올 것이라고, 그렇게 말하고 있었지만 [이라고 다시 말하자] 박동지가 말하기를, 전송하고 돌아오는 길에 [도성에서 서간을 운반하는] 비각을 만났다는 것이다. 그렇기 때문에 [그대로 비각에게서] 답장을 청취하여 [기다리고 계시는] 정관님에게 [직접]

전하고 싶다고, 그러한 말을 [비각과] 할 정도였다고 그러한 답을 해왔다.

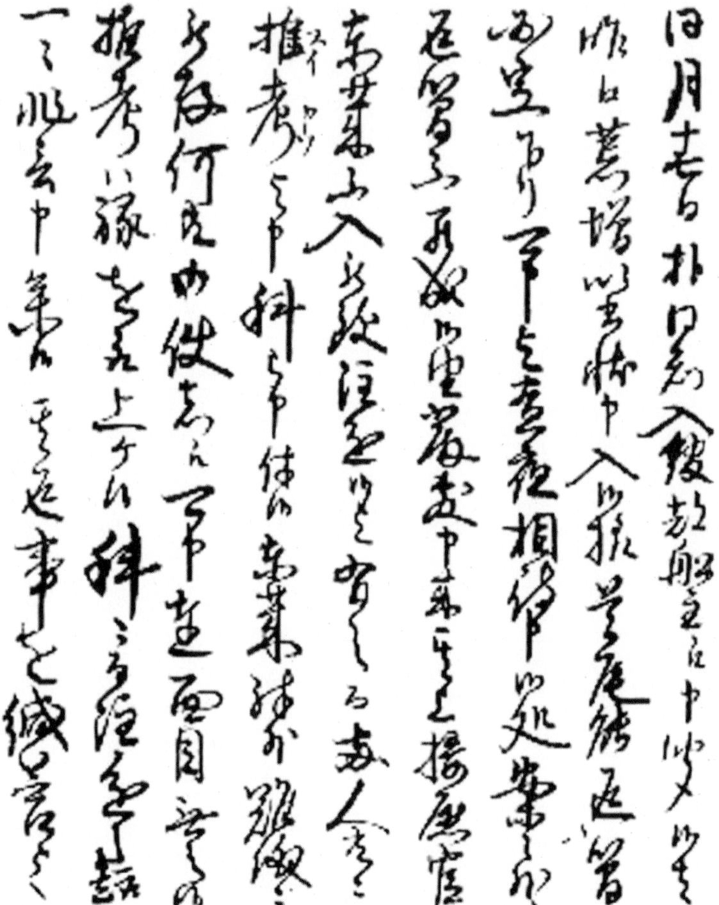

(28-03)

〃同月十七日朴同知入館都船主江申聞候者昨日荒増以書状申入候様首尾能返簡必定下り可申与昼夜相待申候処案之外ニ返簡不罷成候由厳敷申来其上接慰官東莱不入被致注進候与有之而両人共ニ推考(スイカウ)与申科被申付候東莱殊外難儀ニ被存何共御使者江可申達面目無之候推考ハ禄を取上ケ候科ニ而注進之趣一々非言申参候其返事を緘答与

(28-03)

〃十月十七日、朴同知が入館し、都船主へ申すには、昨日、ざっと書状で申し上げたように[都からの書状が、飛脚によって東莱府へ届けられました。]首尾よい返翰が必ずやってくると、そのように思い[日々]昼も夜も待ち続けておりました。そのような処に、思いの外[都から]厳しい[お達しを]申し伝えて参りました。新たな返翰を下すことは罷り成らぬと[そのようなお達しであります。]その上、接慰官や東莱府使に対しても、必要の無い注進をしたと、両人共に推考(スイカウ)と申す科が申し付けられました。東莱府使は殊のほか難儀に思われ、このような事を御使者へ申し伝えなければならないとは、何とも実に面目が無いと[そのように語っておられました。]推考というのは禄を取り上げるという科であります。[推考を申し付けられた場合]注進した趣旨の一つ一つに[もはや]言い分けなどしないものです。そのような返事を緘答(緘黙の答弁)と

(28-03)

〃10월 17일에 박동지가 입관하여 도선주에게 말하기를, 어제 대략 서장으로 말씀드렸듯이 [도성에서 서장이, 비각에 의해 동래부에 도착했습니다.] 상황이 좋은 반한이 반드시 올 것이라고, 그렇게 생각하고 [매일매일] 밤낮으로 기다리고 있었습니다. 그러한데 의외로 [도성에서] 엄중한 [소식을] 전해 왔습니다. 새로운 반한을 내리는 일은 할 수 없다는 [그와 같은 연락입니다.] 게다가 접위관과 동래부사에 대해서도 필요없는 주진을 했다고, 두 사람 모두에게 추고라는 죄를 내렸습니다. 동래부사는 참으로 곤란한 일이라고 생각하여, 이러한 일을 사자에게 전하지 않으면 안 되는 일은, 그야말로 면목없는 일이라고 [그렇게 말하고 계셨습니다.] 추고라는 것은 녹을 취소한다는 죄입니다. [추고를 명받은 경우] 주진한 취지 하나하나에 [더 이상] 변명을 하지 않는 것입니다. 그러한 답을 함답(함묵의 답변)이라고

中ゆゑ指券之儀者 私共ニ於て申合仕候を
其内除相渡候事も有之候ニ付 破候
義ニ而者 一時之了見ニ而 飛込流罷出
或は侍両家ニ而仙台ニ於て事異ニ而武方
向之空を 執向之形右 川之由 出之を
被久仕候権威を以て 形左 或は 載
東某役之者理ニ而 大丈夫之者 輔兵
二番三番目等ニ而申付 右之形法合
下り候は 長く不相勤 之様ニ而 申上ると

申候而推考之答ニ私誤候与被答候得者無別条相済事も有之候又々被申破候答ニ候へハ其時之首尾ニより死罪ニも流罪ニも被申付国法ニ而御座候東莱被申候ハ此方より之注進都より之非言引くら辺是を披見仕候へ権威を以一々非道被申越候東莱使元来望ニ無之事ニ候へ共朝廷二番三番目達而被申付無是非請合下り候長ク可相勤共不存候国之大事を

申します。つまり推考に対する返答として、私の誤りでございましたと[素直に詫び、黙して]答えるもので、これで別条無く済む事も有るのでございます。だが又々[反論を]申し上げ[上意を]破るような返答をすれば、その時の首尾によっては、死罪にも流罪にも申し付けられることがございます。そのような国法でございます。東莱府使が申されたことは、こちらからは[何としても]注進[を申し上げなければと、敢えて行ったのでございますが]都からは[それに対し、全く返答をしないという]非言[の返事が下って参ったということでございます。非言の返事は厳しいものでございます。東莱府使の上申、そして都からの返事、この両者]を引き比べ[その違いを]よく御覧いただきたいというものでございます。[都からの返事]それは[お上の]権威を以て[都から]一つ一つ[両国の友誼交流にとって]非道な事を[この際]申し伝えて来たという事であります。[このような事を、御使者たる正官殿に、よくよく伝えて欲しいと東莱府使の伝言がございました。]東莱府使は元来[立身出世に対する]望みの無い方でありますが、朝廷の二番目[の左議政の地位にある方(朴世采)]三番目[の右議政の地位にある方(尹趾完)]から達って申し付けられ、やむを得ず[この役職を]引き請け[東莱へ]下って来た方であります。長らく[役職を]勤

めても、不正な利得に関わるような事は、なさらない方であります。国の大事を、

합니다. 즉 추고에 대한 답으로서, 제 잘못이었습니다라고 [솔직히 사죄하며 침묵으로] 답하는 것으로, 이것으로 무사히 끝나는 일도 있습니다. 다만 다시 [반론을] 제기하여 [위의 뜻을] 어기는 답을 하면, 그때의 상황에 따라 사죄가 될 수도 유배를 명받을 수도 있습니다. 그러한 국법입니다. 동래부사가 말씀드린 것은, 이쪽에서는 [어떻게든] 주진[을 올리지 않으면 안 된다고 생각해 애써 올렸던 것입니다만] 도성에서는 [그것에 대해 일체 답하지 않는다는] 비언[의 답이 내려온 것입니다. 비언의 답은 엄한 것입니다. 동래부사의 상신, 그리고 도성의 답, 이 두 가지]를 비교하여 [그 차이를] 잘 살펴달라는 것입니다. [도성의 답] 그것은 [상감의] 권위로 [도성에서] 일일이 [양국의 우의교류에] 어긋나는 점을 [이번에] 전해 왔다는 것입니다. [이 같은 일을 사자 정관님에게 잘 전해 달라는 동래부사의 전언이었습니다.] 동래부사는 원래 [입신출세에 대한] 욕심이 없는 분입니다만, 조정의 두 번째[인 좌의정 지위에 있는 분(박세채)] 세 번째[의 우의정 지위에 있는 분(윤지완)]에게 명받아, 어쩔 수 없이 [이 역직을] 맡아 [동래에] 내려오신 분입니다. 오랫동안 [역직을] 맡아도 부정한 이득에 관여하는 일은 절대 하시지 않는 분입니다. 나라의 대사를

被入念候段 今日として事を相済候ニ
申候趣も 委細之紙上之文中ニ御座候ニ付候
御聞ニ而 定而 振廻候 必定 日影ニ
可申上候 出来候而 相済候 ニ付 候者
無之候 此段 如此 存候 御免御座
申上遣候 御手 当時 事ニ 候得 此方 分
注進ニ候 無相違 申付 候ニ 付 常ニて
其節 申付 候 被仰 付候者 ニ 掛 御目 可 申 候
御様 可被 仰付候 ... 候 由 ニ 御座 候者

存入注進候儀科ニ合候とて事を曲誤候与申儀決而無之事ニ候此上又申述科ニ合候儀本望ニ候定而接慰官心入も同前ニ而可有之候出宴席之時分慥ニ御使者江返答申候趣如此違変候儀兎角難申達候然共無是非事ニ候間此方より注進之趣都より非言申来候書付帝王之朱印有之を御使者江掛御目御納得候様可致候然共返答書之内御使者

よく御承知なさっておられ、注進する必要のある事は、たとえ科に遭おうと[断じて行う方であります。]事を曲げたり誤りを申すような方では決してありません。この上、又[さらに都へ向けて注進を]申し述べ、科に遭う事も本望と思っておられます。おそらく接慰官のお考えも同前のことでございましょう。出宴席の時分、確かに御使者に返答なさいました。[都へ注進すれば、やがて返翰が罷り下って来るであろうと、そのような事でございました。だが]その趣旨は、このように違変致しました。兎にも角にも、これは申し伝え難い事でございますが、しかしながら是非も無い事でございます。こちらから注進致した趣旨は、都からは「敢えて返答しないという」非言という形で[指示が]下って参りました。そのような[非言の]書き付けには、帝王の御朱印「の確かな押印」がございます。これを御使者に[直に]御目に掛け、御納得いただけるよう致したいと存じます。然しながら[都からの]返答書の内には、御使者が

잘 알고 계시기 때문에 주진할 필요가 있는 일은, 설사 벌을 받는다 해도 [단연코 행하시는 분입니다.] 일을 왜곡하거나 잘못을 말하는 분이 결코 아닙니다. 이 후에 또[다시 도성에 주진을] 이야기하여, 벌 받을 일도 진심으로 생각하고 계십니다. 아마도 접위관의 생각도 같을 것입니다. 출연석을 할 때 분명히 사자에게 반답하셨습니다. [도성에 주진하면 곧 반한이 내려올 것이라고, 그와 같은 일이었습니다. 그러나] 그 취지는 이렇게 다르게 변하고 말았습니다. 어쨌든 이것은 전하기 어려운 일입니다만, 그러나 어쩔 수 없는 일입니다. 이쪽에서 주진한 취지는, 도성에서는 [굳이 답하지 않겠다고 하는] 비언이라는 형식으로 [지시가] 내려왔습니다. 그 같은 [비언의] 서부에는 제왕의 어주인「의 분명한 날인」이 있습니다. 이것을 사자에게 [직접] 보여드려, 납득해 주셨으면 생각합니다. 그러나 [도성에서 온] 반답서 안에는 사자가

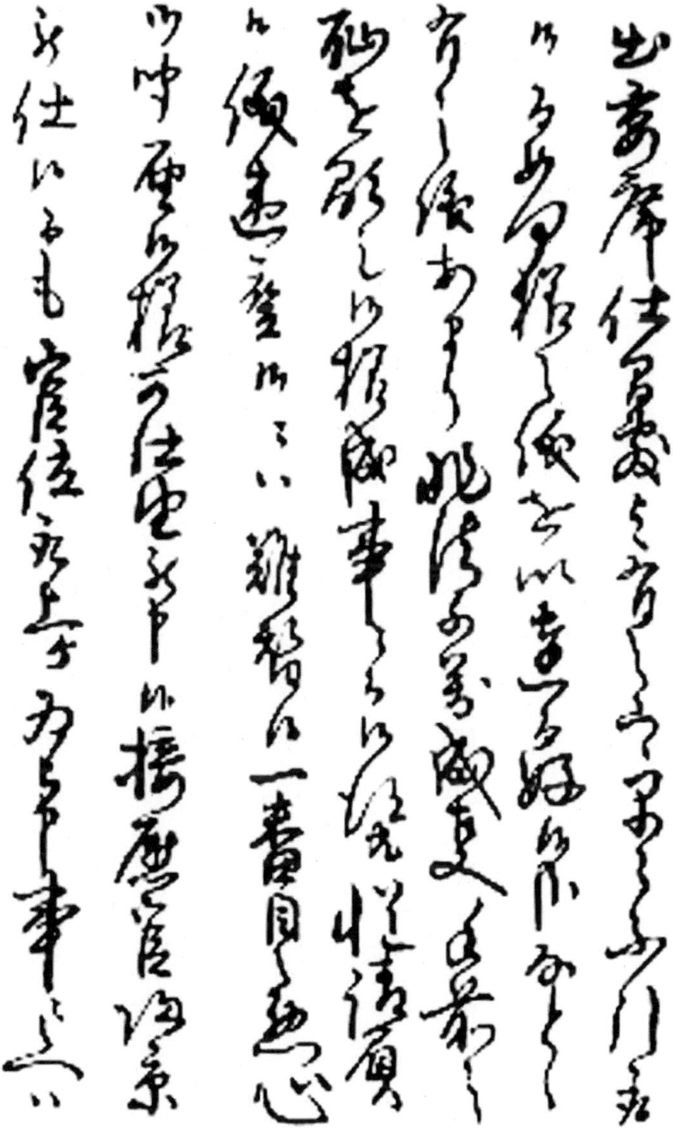

出宴席仕間敷与有之候ハヽ早々不引取候而如何様之儀を以達而好候哉なとヽ有之儀あまり非法千万成事手前之恥を顕シ候様成事ニ而候得共慥請負候儀違変候ニハ難替候一番目之悪心御聞届候様可仕由被申候接慰官帰京被仕候而も官位取上ケ為被申事ニ候へハ

出宴席を行わないと決意なされ、早々には引き下がらないとおっしゃられた事について[触れた部分が御座います。]どのような事を以て[融通を利かせれば、御使者は引き下がってくれるのであろうか]達って好むものは[どのようなものであろうか]などと[利益供与の話が]有り、この事は、あまりに[下世話な話であります。]まことに非法千万で、手前どもの恥を顕してしまう様でございます。だが確かに[接慰官と東莱府使が]請け負いましたことは違変になり、もはや変更し難いのでございます。一番目[の領議政の地位にある方(南九万)]の悪しき御方針によると、そのように聞いております。このような[不首尾に至った]事を何とぞ御了解くださるようにと[東莱府使は]申しておられました。接慰官は帰京なされたのでございますが、その官位は取り上げられ

출연석을 행하지 않겠다고 결의하시고, 일찍 물러서지 않겠다고 말씀하신 것에 대해 [언급한 부분이 있습니다.] 어떠한 일을 가지고 [융통을 기하면 사자는 물러가 줄 것인가] 특히 좋아하는 것은 [어떠한 것인가] 등의 [이익공여의 이야기가] 있어, 이 일은 너무나 [속물스러운 이야기입니다.] 참으로 무례한 일로, 우리들의 부끄러운 모습을 나타내는 꼴입니다. 그러나 분명히 [접위관과 동래부사가] 승낙한 일이

어긋나, 이미 변경하기 어려운 일입니다. 첫 번째[의 영의정 지위에 있는 분(남구만)]의 나쁜 방침에 의한 것이라고, 그렇게 듣고 있습니다. 이 같은 [좋지 않은 상황에 이른] 것을 어떻게든 이해해 주실 것을 [동래부사는] 말씀하시고 계셨습니다. 접위관은 귀경하셨습니다만, 그 관위는 취소되어

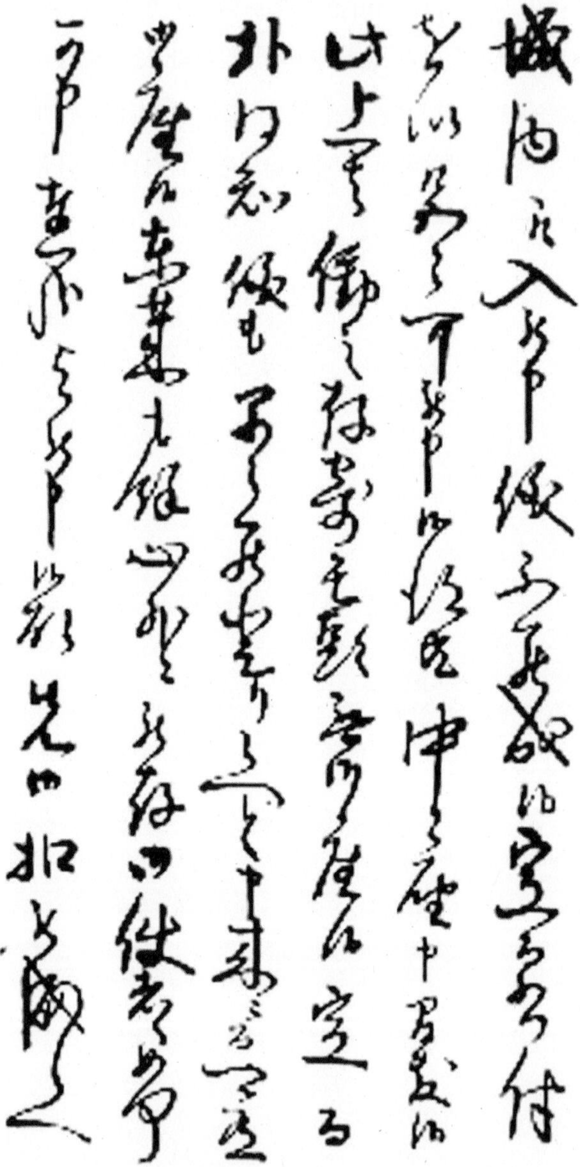

城内江入被申儀不罷成候定而書付を以色々可被申候得共中々届申間敷候此上者働之存寄毛頭無御座候定而朴同知儀も早々罷登り候へと申来ニ而可有御座候東莱も余心外ニ被存御使者江如何可申達哉与被申候故先御扣被成候へ

宮城内へ入ることは罷り成らぬと、そのようなお達しがあったようです。おそらく書付けを以て、また色々と御報告なさったのでございましょう。なかなか[両国の友誼交流のための真意が、朝廷には]届き難い状態でございます。この上は、どのような働きをすればよいのか[我々には]毛頭[判断が]付きません。きっと朴同知にも[交渉は終わったので]早々に[都に]罷り登るようにと、そのような申し伝えが来ることで御座いましょう。東莱府使も余程心外に思われたようで、御使者に対し[この事を]どのようにお話しすればよいのかと申しておられました。それゆえ先ずは[暫し]御待ちに成ってください。

궁성 안에 들어가는 일은 안 된다고, 그러한 명령이 있었던 것 같습니다. 아마도 서부를 가지고, 또 여러 가지를 보고하셨던 것 같습니다. 좀처럼 [양국의 우의교류를 위한 진의가 조정에는] 전달되기 어려운 상태입니다. 이런 이상, 어떤 움직임을 하면 좋을지 [우리들은] 전혀 [판단할] 수 없습니다. 틀림없이 박동지에게도 [교섭은 끝났으므로] 서둘러 [도성에] 올라 오라는, 그러한 전달이 올 것입니다. 동래부사도 그야말로 의외라고 생각하신 듯, 사자에게 [이 일을] 어떻게 말하면 좋겠는가라고 말씀하시고 계셨습니다. 그러하니 우선 [잠시] 기다려 주십시오.

宗家ニ任御服之者ニ候ハヽ如何様ニ被成候事
一方ニ而此方裁判渡海も日和次第ニ可申遣
此座ニ而裁判ニ應し候ハヽ合点ニ候不被思召
四五日ニ而相済候振ニ中ニ而ハ先ニ成候得共
延引ニ罷成候得ハ彼方之仕方悪敷様ニ可有之
別儀ニ而も無之人命ニ候

不図被仰懸腹立有之而者如何様ニか成行可申候間裁判渡海も日和次第ニ而可有御座候裁判江疾与申含被仰可然候間四五日被相待候様ニ申候へハ尤ニ候間注進之返答来候儀沙汰仕間敷与訓導別差ニも被申含候

不意に[このような話しを]聞かされ、お腹立ちが有っては、どのように事の成り行きをお話ししてよいのやら[こちらも見当が付きません。やがて正式に御報告を致したいと存じます。]裁判の方が渡海なさるのも日和次第でございます。[それと同様に、このようなお話を致すにも、ふさわしい日和というものがございます。]裁判の方へも[お話し致す所存でございますが、本日のところは貴方様から]よくよく申し含め置かれ、然るべき四、五日の間、お待ちいただくようにして下されば、よろしいかと存じます。このように[東莱府使から朴同知を介し]注進の返答がやって来た。だが、このような沙汰では[当然のことながら、こちらは受け入れ難い。そのような返答は]受け取れないと[朴同知はもとより、その他の]訓導や別差にも申し含め[東莱府使へ伝えさせた。]

갑자기 [이런 이야기를] 듣고 화를 내면, 어떻게 일의 진행을 이야기해야 좋을지 [이쪽도 짐작이 안 됩니다. 곧 정식으로 보고하고 싶다고 생각합니다.] 재판 쪽이 도해하시는 것도 일기 여하에 따릅니다. [그것과 마찬가지로, 이런 이야기를 하는 것에도 적합한 날씨라는 것이 있습니다.] 재판 쪽에도 [이야기할 생각입니다만, 오늘 상황에서는 당신이] 잘 설명하시고 잠시 4, 5일간 기다려 주시면 좋겠다고 생각합니다. 이렇게 [동래부사가 박동지를 매개로 해서] 주진의 반답을 전해 왔다. 그러나 이 같은 소식으로는 [당연한 일이지만, 이쪽은 받아들이기 어렵다. 그 같은 반답은] 받을 수 없다고 [박동지는 물론, 그 외의] 훈도와 별차에게도 말해 [동래부사에게 전하게 했다.]

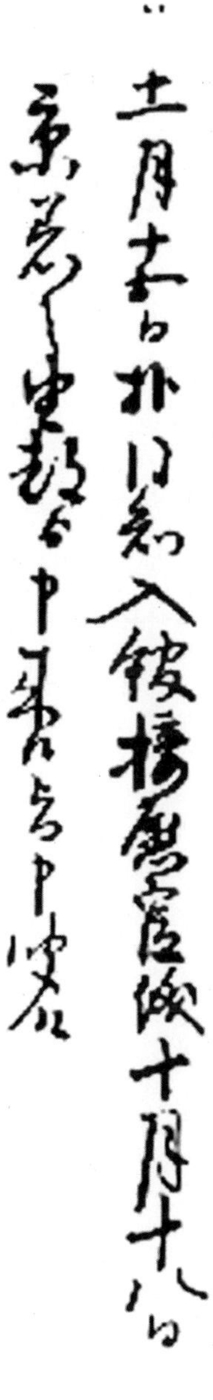

(28-04)

〃十一月十五日朴同知入館接慰官儀十月十八日京着之由都より申来候旨申聞候

(28-04)

〃十一月十五日、朴同知が入館し、接慰官が十月十八日に京に着いたと[そのように]都から連絡があった事を[こちらに]申し伝えてきた。

(28-04)

〃11월 15일에 박동지가 입관하여, 접위관이 10월 8일에 경에 도착했다고 [그렇게] 도성에서 연락이 있었던 일을 [이쪽에 전해 왔다.]

一 十二月廿五日 朴同知入館彼船船主方へ兵丞様

頭取ゟ在館衆来集ニ付相尋候処一書同

朝廷唯今倭同交代ニ付政府ニ而南政丞

交代ニ付彼是ニ付庵儀相滞度と之朴同知

申出ル

(28-05)

〃十二月十六日朴同知入館都船主方へ罷出候付注進之返答未来候哉与相尋候所一番目朝廷唯今役目交代之断被申候南政丞交代被致候ハヽ首尾能相済事之由朴同知申聞候

(28-05)

〃十二月十六日、朴同知が入館し、都船主方へやって来た。そこで注進の返答が、まだ来ていないのかと[余り期待せず、こちらから]尋ねた。すると[朴同知が答えるには]一番目[の領議政の地位にある方]が唯今、御役目交代となるようでございます。そのような決断が朝廷から申し出されているようでございます。南政丞が交代なされたならば[現在の外交交渉は、もう少し]首尾よく運ぶようになるのではないでしょうかと、そのような事を朴同知が話すのを聞いた。

(28-05)

〃12월 16일에 박동지가 입관하여 도선주 쪽에 왔다. 그곳에서 주진의 반답이 아직 오지 않았는지 [별로 기대하지 않고 이쪽에서] 물었다. 그러자 [박동지가 답한 것은] 제일[의 영의정 지위에 있는 분]이 바로 지금, 역할교대가 되는 것 같습니다. 그 같은 판단이 조정에서 이야기된 것 같습니다. 남정승이 교대되셨다면 [현재의 외교교섭은 약간] 좋은 방향으로 진행되는 것이 아닌가라는, 그같은 일을 박동지가 말하는 것을 들었다.

一　同日寄合札ヲ以知入被相触候ニ付、不残罷出候処
先月東莱ヨリ差越候不届義未之書付ニ付
ニハ内緒向ニ而取扱候処、訳官共太切ニ
訳官共儀而巡見東莱府使ゟ被申候者
ニ而相違之儀ニ而候ハヽ、ニ而相尋候得者
ニ而任掛ニ而訴状差上不届之様子相聞ニ而相待
候処巡察使ニ而其上ニ而使者ニ而任ニ而候
勘定極為筆ニ而徳ニ御弁シ不差支

(28-06)

〃同月廿五日朴同知入館都船主へ罷出申聞候ハ先月東莱注進之返答未参候然共此注進ハ内証向ニ而候故然与不仕候頃日大丘之観察使為巡見東莱江参着御使者御滞留如何様之儀ニ而候哉与被相尋候付御使者被仰掛候趣都より返答之様子具被相伝候処巡察使被申候者御使者被仰候儀尤至極成事ニ候他国ニ渡り文之返事

(28-06)

〃同月(十二月)二十五日、朴同知が入館し、都船主方へ来て話した事は[次の通りである。]先月(十一月)の東莱からの[再度の]注進に対し、まだ[都から]返答がありません。しかしながら、この注進は内々に申し上げただけで、まだ正式に[書面にして]上奏しておりません。そのような近頃の事ですが、大丘に居る監察使(慶尚監司の李寅煥)が御巡見なさり、東莱府へ参着されました。[そして対馬からの]御使者がまだ御滞留とは、果たして如何なる事であるのかと御尋ねがありました。そこで御使者が申し入れておられる御趣旨をお話し申し上げ、都からの返答の様子を具に御伝えした処、巡察使が申されるには、御使者が申されている事は尤も至極である。他国に渡り、文の返事を

(28-06)

〃동월(12월) 25일에 박동지가 입관하여, 도선주 쪽에 와서 말한 내용은 [다음과 같다.] 전월(11월)에 동래에서 [다시] 주진한 것에 대해 아직 [도성에서] 반답이 없습니다. 그러나 이 주진은 은

밀히 말씀드렸을 뿐, 아직 정식으로 [서면으로 해서] 올리지 않았습니다. 그러한 근래의 일입니다만, 대구에 있는 감찰사(경상감사 이인환)가 순견하시다 동래부에 도착하셨습니다. [그리고 쓰시마의] 사자가 아직 체류 중이라니, 도대체 어찌 된 일인가 물으신 일이 있었습니다. 그래서 사자가 요구하고 있는 취지를 설명하고 도성의 반답 내용을 전하자, 순찰사가 말씀하시기를 사자가 말하고 있는 것은 당연한 일이다. 타국에 건너, 문서의 답을

而已候而者 使者渡海 一ヶ度ニ者文ニ而御座候
南政堂申候ニ付 而御申候儀ニ而御座候
返答申候ハ 史記ニ書候之相違御座候
十條等一體御座候 相違細々申付候而御座候
史記之事者今ニ相見候而御座候
朝鮮之所作所為事ニ東萊之事推参
之申付候之通御座候而御座候
安心之候大切成事ニ而我等存知候処使者

不請取候而使者帰国可有之事ニ候歟南政丞被申分一々不聞儀ニ候此返簡有之而ハ史記ニ留候ニ折渡り候与被申儀第一難心得候折渡り細々書付候儀史記之本意ニ而候ヶ様之無理被申候儀朝鮮之外聞恥敷事候東莱事推考被申付注進不罷成由被申候得共是ハ両国之儀大切成事ニ候我等差図候由ニ而

受け取らぬままでは、その使者の帰国など有る筈も無い。南政丞の申される分は[幾分か無理があり]その一つ一つを[まともに取り上げては]聞かない事である。[その言う処は]この度の[対馬からの書簡に対し]返翰を下すとなれば[混乱を生むという。]そのようで有っては、史書の中に記し留める時[錯綜の余り文意が]折れ渡るという。そのように[南政丞が]申される事など、第一に心得難いことである。折れ渡り細々と書き付け[記録に留める]事が史書記載の本義である。このような無理を[政丞たる方が]申されることは、朝鮮の外聞としても、恥しい事である。東莱府使は[この折に]推考を申し付けられ[もはや]注進は罷り成らぬという。そのように[朝廷から]申し渡されたのであるが、これは両国[の友誼交流]にとって大切な事である。我らが差図をするので、

수취하지 않은 채, 그 사자가 귀국하는 일 등은 없다. 남정승이 말씀하시는 것은 [약간 무리가 있어] 그 하나하나를 [진지하게 취급하여] 듣지 않는다. [그렇게 말하는 것은] 이번에 [쓰시마가 보낸 서간에 대해] 반한을 내리게 되면 [혼란이 생긴다 한다.] 그렇게 되면 사서에 기재할 때 [착종이 많아 문의가] 끊긴다고 한다. 그렇게 [남정승이]

말씀하시는 것이 제일 납득하기 어려운 일이다. 문맥이 끊어져도 계속 기술하여 [기록으로 남기는] 일이 사서기재의 본분이다. 이러한 무리를 [정승이라는 분이] 말씀하신 것은, 조선의 소문으로서도 부끄러운 일이다. 동래부사는 [이번에] 추고를 명받아 [더 이상] 주진은 안 된다고 한다. 그렇게 [조정에서] 언도했으나, 이것은 양국[의 우의교류]에 있어 중요한 일이다. 우리들이 지시하기 때문에

委細承候 得其意候 巡察使方ゟ
是ハ可申出候処 一旦[illegible]ニ相成
候得共 巡察使[illegible]ケ様[illegible]
[illegible]相違有之[illegible][illegible]
候処ケ様[illegible]可申[illegible]候ハゝ
申[illegible] 御[illegible]候 [illegible]
是ニ而其段相願可申[illegible]

委細急度注進被申候へ巡察使方よりも具ニ可申登由被申候而一両日中ニ慥成注進有之筈ニ候巡察使抔ヶ様ニ被申候而者朝廷方不被任其意候而者不成事候殊更ヶ様ニ極被申登候とて志かり被申候与申様成儀曾而成不申儀ニ候間正月中過ニ者首尾能相済可申由咄候而帰也

委細を[今一度]しっかりと注進なさってはどうであろうか。巡察使の方からも[この事を]具に[都に]報告するからと、そのように申されました。それゆえ一両日中には[また東莱府から巡察使の名によって、都へ向け]確かな注進が有る筈でございます。巡察使などがこのように申されては、朝廷方もその意を請けて[対応しなくては]成らない事になります。しかし殊更この様に[再度の注進が]決まり[それが都へ]報告されても[朝廷で]そうだと言う事には、なかなか成りません。[だから余り過度な期待はなさらないで下さい。どうなるかは分かりませんが]正月も半ば過ぎには[このような事は]首尾よく済んでいる事に[あるいは]なっているかもしれません。そのように[朴同知は]話して帰って行った。

자세한 것을 [지금 다시 한 번] 분명히 주진하시면 어떨까. 순찰사 쪽에서도 [이 일을] 자세히 [도성에] 보고할 것이라고, 그렇게 말씀하셨습니다. 그렇기 때문에 하루 이틀 사이에 [다시 동래부에서 순찰사의 이름으로 도성에] 분명한 주진이 있을 것입니다. 순찰사 등이 이처럼 말씀하시면, 조정 측도 그 뜻을 받아들여 [대응하지 않으면] 안 됩니다. 그러나 다시 이렇게 [재차 주진이] 결정되어 [그것이 도성에] 보고되어도 [조정에서] 그렇다고 말하는 일은 좀처럼 없습니다. [그러므로 너무 과도한 기대는 하지 말아 주십시오. 어찌 될 것인가는 알 수 없습니다만] 정월 중순이 지나면 [이와 같은 일은] 잘 마무리된 일이 [어쩌면] 되어 있을지도 모릅니다. 그렇게 [박동지는] 이야기하고 돌아갔다.

○同七年十月細解し無役蔚陵嶋捨らせ
人参之義被仰下承知仕候判事官方ゟ
裁判方ゟ申来ル

【大綱二九段(元祿七年十月④)】

(29-00)

○ 同七年十月朝鮮之兵使蔚陵嶋検分之命を蒙り彼嶋江罷越候段差備官方より裁判方江申聞候

【大綱二九段(元祿七年十月④)】

(29-00)

○ 元禄七年十月、朝鮮の兵使(三陟僉使の張漢相)が[朝廷から]蔚陵嶋を検分するように命じられ、彼の島へ渡ったという。そのような事が、差備官方から裁判方へと申し伝えられた。

【대강 29단(원록 7년 10월④)】

(29-00)

O 원록 7년 10월에 조선의 병사(삼척첨사 장한상)가 [조정에서] 울릉도를 검분할 것을 명받아, 그 섬에 건너갔다 한다. 그러한 일이 차비관 쪽에서 재판 쪽으로 전달되었다.

一 十月十四日裁判ニ朴同知朴僉知呼
候而接慰官被召上候江原道巡察
使ゟ東萊江書翰ニ而申来候ハ蔚陵島
江倭人渡り猟仕候を見候へ九月十二日小船
二艘参候同二三日前ニ罷帰候

(29-01)

〃 十月十四日裁判江朴同知朴僉知申聞候者接慰官発足之時分江原道巡察使より東莱江早飛脚ニ而申来候ハ蔚陵嶋江之乗前嶋之様子為見分九月十六日小船壱艘差渡し間二三日有之而罷帰り候

(29-01)

〃 十月十四日、裁判方へ朴同知と朴僉知とがやって来た。彼らが伝えた事は、接慰官[が都へ向けて]出発した時分、江原道の巡察使から東莱府使へ早飛脚を以て申し伝えがあったという。それは蔚陵嶋へ渡る乗船の具合を知らせるもので、島の様子など、様々な検分を行うため、九月十六日に小船を一艘、島に差し渡したという。[島での滞留]期間が二、三日あり、その渡航船が帰った後、

(29-01)

〃 10월 14일에 재판 쪽에 박동지와 박첨지가 왔다. 그가 전한 것은 접위관[이 도성을 향해] 출발했을 때, 강원도 순찰사가 동래부사에게 빠른 비각으로 전달한 것이 있었다 한다. 그것은 울릉도로 건너는 승선 상황을 알리는 것으로 섬의 상황 등, 여러 가지를 검분하기 위해 9월 16일에 소선을 1척, 섬에 보냈다고 한다. [섬에서의 체류] 기간이 2, 3일로 그 도항선이 귀항한 후

詮方大船弐艘ニ小船共被打捨今度候

是ハ武官譯大将宰領シ之官ニ而

少々ハ羅尓先年信使渡海之節譯友之中ニ

相知リ日本ニ参候者之安否知相係候

御座候

跡より大船壱艘ニ小船六艘相附金兵使是ハ武官軍大将余程之高官ニ而御座候先年信使渡海之節軍官之中ニ相加り日本ニ参候此者ニ安同知相添差渡シ候

後、今度は大船一艘に小船六艘を附け[改めて]金兵使の派遣が行われたという(註1)。この人は武官で軍の大将[である。朝鮮では]余程の高官ということになる。先年[日本に向けて]朝鮮通信使が派遣されたが、その折[この人は]渡海の一行の中に加わり、軍官として日本に遣わされたということである。この人に安同知(註2)が差し添えられ[欝陵嶋へ]渡ったとのことであった。

(후에), 이번에는 대선 1척에 소선 6척을 붙여 [다시] 김병사의 파견이 이루어졌다 한다. 이 사람은 무관으로 군의 대장[이다. 조선에서는] 상당한 고관에 해당한다. 전년에 [일본을 향해] 조선통신사가 파견되었는데, 그때 [이 사람은] 도해의 일행에 참가하여 군관으로 일본에 파견되었다는 것이다. 이 사람에게 안동지가 동행해 [울릉도에] 건너갔다는 것이다.

註１、金兵使とあるが、実は武官(三陟僉使)の張漢相である。張漢相は天和二年(一六八二)の朝鮮通信使一行の一員(訓練院の副正)として渡日を果たしている。

장한상와 김병사

김병사라고 되어 있으나 실은 무관(삼척첨사) 장한상이다. 장한상은 1682(天和 2)년에 있었던 조선통신사 일행의 일원(훈련원의 부정)으로 도일했었다.

註２、安同知とは、張漢相と共に欝陵島に渡った別遣訳官(倭語訳官)の安愼徽のことである。

안신휘, 안동지

안동지란 장한상과 같이 울릉도에 도해한 별견역관(왜어역관) 안신휘를 말한다.

【참고사항】

장한상

생몰년 미상. 조선 후기의 무신.

1694년(숙종 20) 경상좌도 병마절도사로서 탐학 행위로 한때 파직되었다가 삼척포진영장(三陟浦鎭營将)으로 기용되어 울릉도를 수토(捜討: 도피자나 생계를 위한 피역자들을 찾아 죄를 묻거나 육지로 돌려보냄)하였다.

1712년 함경북도 병마절도사로서 왕명에 따라 백두산 남쪽지대의 지형을 그려 바쳤으며, 이어 국경을 넘어 남벌(濫伐)하고 행패부리는 자들을 즉시 보고하지 않은 죄로 파직당하였다.

1716년 경기도 수군절도사 이어 영변부사를 지내고, 1723년(경종 3) 다시 함경북도 병마절도사를 지낸 후 황해병마절도사가 되었다. (한국민족문화대백과, 2010, 한국학중앙연구원)

○同七年十二月十六日　雲光院公御逝去之段
西元公使者を以申来書与思在之方より東萊へ
申達ル

【大綱三〇段(元祿七年十一月)】

(30-00)

○ 同七年十一月十六日霊光院公御逝去之段国元より使を以申来候旨与左衛門方より東莱[江]申達候

【大綱三〇段(元祿七年十一月)】

(30-00)

○ 元禄七年十一月十六日、霊光院公(宗義倫)の御逝去の事を、国元から使いを以て知らせて来た。その旨を与左衛門方から東莱府使へ申し伝えた。

【대강 30단(원록 7년 11월)】

(30-00)

○ 원록 7년 11월 16일에 레이코우인(소우 요시쓰구)이 서거한 일을 본국에서 사자를 보내 알려 왔다. 그 내용을 요자에몬 쪽에서 동래부사에게 전했다.

十月十六日朴同知呼出し入被仰付船主
を以申渡候ハ限度船ニ而対馬守殿
御事去ル六月以来本国之者竹島ニ罷渡候
ニ付而者今度之月番ニ相渡
[illegible]
[illegible]

(30-01)

〃十一月十六日朴同知呼ニ遣し入館候付都船主を以申渡候ハ昨夜飛船到着対馬守殿御事去六月より病気差発色々被致保養候得共無験候而先月廿七日被致逝去候由申来絶言終此方愁傷心底可被察候此大変ニ付而者急度帰国不申候而不叶

(30-01)

〃十一月十六日、朴同知を呼びに遣り[早速]入館して来たので、都船主を以て[次のように]申し渡した。すなわち昨夜[緊急の]飛船が到着し[我らの主君である]対馬守殿の消息を伝えて来た。去る六月から病気を発し、色々と保養を行って来たが、その効験もなく、先の十月二十七日に御逝去なさったと、そのような事を申し伝えて来た。言葉も出ない程で、こちらは嘆き悲しみ続けている。そのような心境に在る事をお察し頂きたい。このような大変な事態が起こったからには、必ず帰国せねば叶わぬ

(30-01)

〃11월 16일에 박동지를 부르러 보내자 [서둘러] 입관했기 때문에 도선주를 통해 [다음과 같이] 전했다. 즉 어젯밤에 [긴급한] 비선이 도착하여 [우리들의 주군] 쓰시마노카미의 소식을 전해 왔다. 지난 6월부터 병에 걸려 여러 가지로 보양했으나, 그 효과도 없이 지난 12월 27일에 서거하셨다고, 그러한 일을 전해 왔다. 말도 안 나올 정도로 이쪽은 탄식하고 슬퍼하고 있다. 그러한 심경에 있다는 것을 알아주었으면 한다. 이 같은 큰 사태가 일어난 이상, 반드시 귀국하지 않으면 안 되는

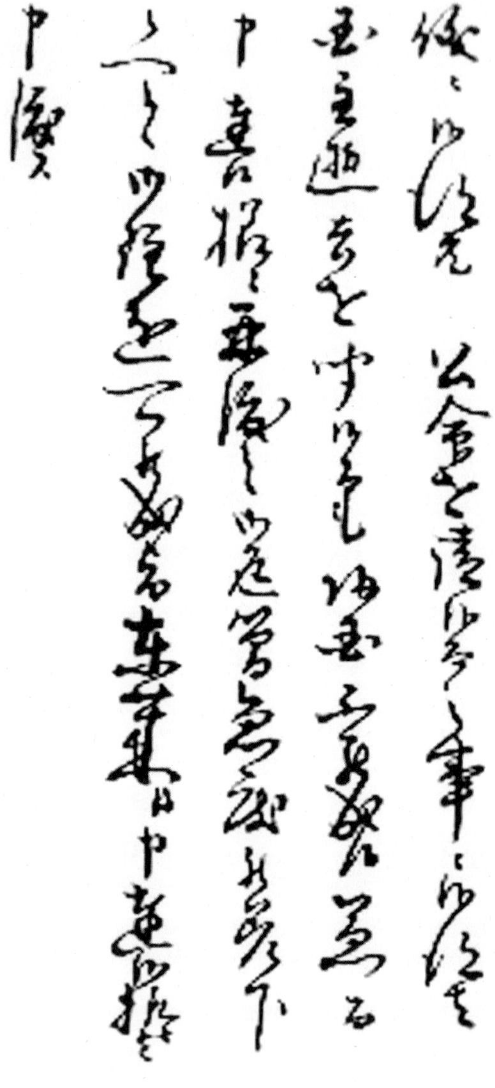

儀ニ候得共　公命を請候而之事ニ候得者　国主逝去を聞候而も帰国不罷成候兼而申達候様ニ再渡之御返簡急度被差下候へと御注進可被成旨東莱江申達候様ニ与申渡ス

事である。だが[東武からの]公命を請けての任務があるので[そういうわけには行かない。]国主の逝去を聞いても、帰国は罷り成る事ではない。[まことに辛い事である。]兼ねてから申し伝えている様に、再度の渡海によって[こちらから持参した書簡に対し、まだ]御返翰が[到来していない。これを]必ず差し下されるように[都へ今すぐにも催促の]御注進をなさるべきである。そのような趣旨を、東莱府使へ伝えるよう[朴同知に]申し渡した。

일이다. 그러나 [동무의] 명을 받은 임무가 있기 때문에 [그렇게 할 수 없다.] 국주의 서거를 들어도 귀국은 할 수 없다. [참으로 쓰라린 일이다.] 전부터 말씀드렸듯이 재차 도해하며 [이쪽이 지참한 서간에 대해, 아직] 반한이 [도래하지 않았다. 이것이] 반드시 내려올 수 있도록 [도성에 지금이라도 바로 재촉의] 주진을 하셔야 한다. 그러한 취지를 동래부사에게 전하도록 [박동시에게] 말했다.

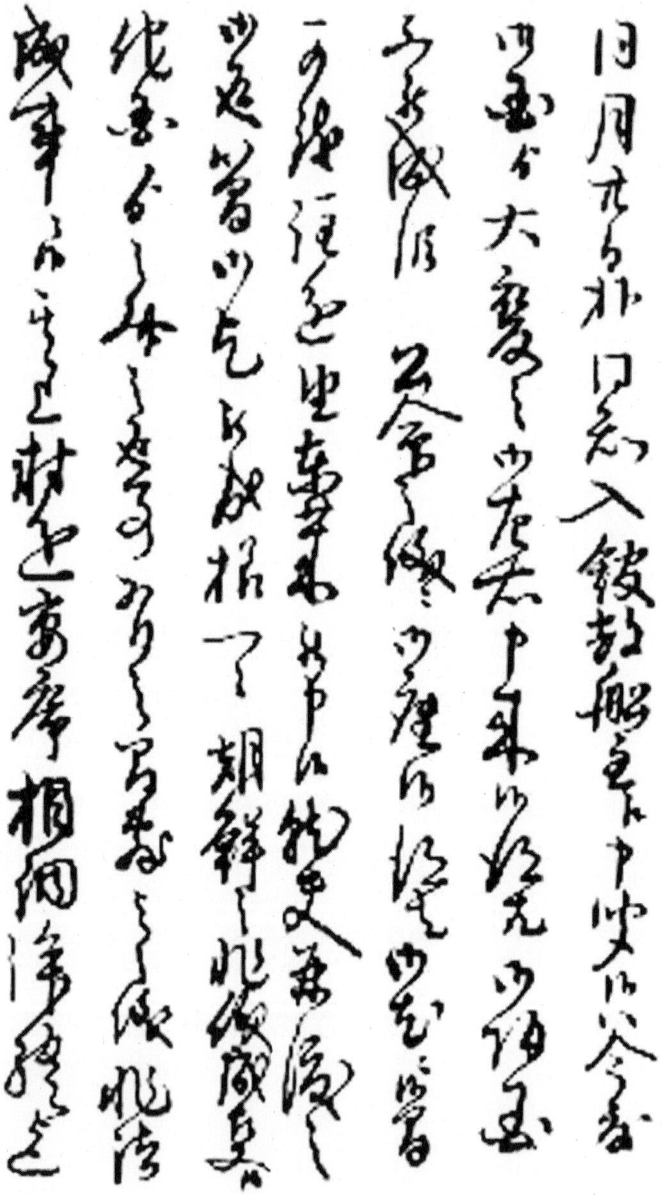

(30-02)

〃同月廿日朴同知入館都船主江申聞候ハ今度御国より大変之御左右申来候得共御帰国不被成段 公命之儀ニ御座候得者御尤ニ候間可致注進由東莱被申候就夫再渡之御返簡御乞被成様一々朝鮮之非儀成事ハ他国より之文之返事有之間敷与之儀非法成事ニ候其上封進宴席相調拝礼迄

(30-02)

〃同月(十一月)二十日、朴同知が入館し、都船主へ[次のように]伝えて来た。今度、御国から大変な御通知が届きましたが[それでも、なお]御帰国に成られないとの事、これは公命の事であり、御尤もに思う次第です。そのような中で[早速朝廷へ、この訃報を届け、その折、御返翰についても、やはり]注進をするべきでございます。そのように[やはり]東莱府使も申しておられました。それに就いて[思う事ですが]再度の渡海によって持参なされた[書簡に対し]御返翰を[御使者が]御乞いに成られる様子は、その一つ一つが朝鮮国にとって[恥ずかしい事、つまり外交交渉の上で]儀礼に欠ける事[を自覚させるもの]でございます。他国からの御書簡文に対し、返事は罷り成らぬと、そのような事は非法な事でございます。その上、封進宴席も調い拝礼迄も

(30-02)

〃동월(11월) 20일에 박동지가 입관하여 도선주에게 [다음과 같이] 전해 왔다. 이번에 본국에서 대단한 통지가 도착했습니다만 [그

래도] 귀국할 수 없다는 것, 이것은 공명의 일로 당연한 일이라고 생각하는 바이다. 그러던 중 [서둘러 조정에 이 부고를 보내며, 그때 반한에 대해서도 함께] 주진해야 할 것입니다. 역시 동래부사도 [그렇게] 말씀하시고 계셨습니다. 그것에 대해 [생각하는 일입니다만] 재차 도해할 때 지참한 [서간에 대한] 반한을 [사자가] 원하고 계시는 상황은 그 하나하나가 조선국에게 [부끄러운 일, 즉 외교교섭상] 결례라는 것을 [자각시키는 일]입니다. 타국이 보낸 서간문에 대해 답할 수 없다고 하는, 그러한 일은 비법입니다. 게다가 봉진연석도 준비하여 배례까지도

桐[illegible]御尋ニ付而相渡候[illegible]
[illegible]等丁寧様子之文ニ而今般大事之[illegible]
御[illegible]罷渡之候[illegible]下清御座候[illegible]
不仕候御合点ニ可被成候此者具ニ可申候
[illegible]候へく候正宜被成候御使者[illegible]
申入候又々後ニ頼[illegible]候へく候[illegible]御事ニ候

相済候而被請取候封進物返礼も無之段旁可申様無之事ニ候今度大変ニ逢候得共再渡之返簡不申請候而者帰国不仕儀御合点可被成候此旨具ニ御注進被成候へと正官使被仰候由東莱江可申入候与存候注進可仕与被申儀幸ニ候間

済んでいるのに、請け取った封進物に対し未だ返礼も致さ無いと言う事が続いています。あれこれと[今さら]申すべき様も無い事でございます[が実に残念なことでございます。]今度[御主君の御逝去という]大変な事態に遭遇なさり、それにも関わらず、再度持ち渡った[書簡に対する]返簡を申し受けずには[決して]帰国は仕らぬと[正官殿の強い御決意を承りました。]その事について、御合点に成られるよう[こちらも努力を]致したいと存じます。このような[御返翰が直ぐにも罷り下るべきとの]趣旨を[都へ]具に御注進なさるよう、正官殿からのお申し出があった事を[是非]東莱府使へ申し入れたいと思っております。[さらに重ねて]注進なさるべきと[正官殿が、なお]申されている事についても[東莱府使へ申し入れたいと思っております。]幸い、

끝났는데, 청취한 봉진물에 대해 아직 반례도 하지 않는 일이 계속되고 있습니다. 이것저것을 [지금 와서] 말할 수도 없는 일입니다[만 참으로 유감스러운 일입니다.] 이번에 [주군의 서거라는] 중대한 사태를 맞이해, 그럼에도 재차 가지고 온 [서간에 대한] 반한을 받지 않고는 [결코] 귀국하지 않겠다는 [정관님의 강한 결의를 들었습니다.] 그 일에 대해 납득하실 수 있도록 [이쪽도 노력]하고 싶다고 생각합니다. 이 같은 [반한이 바로 내려와야 한다는] 취지를 자세히 주진하시도록 정관님의 요청이 있었다는 것을 [꼭] 동래부사에게 말씀드리고 싶다고 생각하고 있습니다. [다시 거듭해서] 주진해야 한다고 [정관님이 다시] 말씀하시고 계시다는 것도 [동래부사에게 전하고 싶다고 생각하고 있습니다.] 다행히

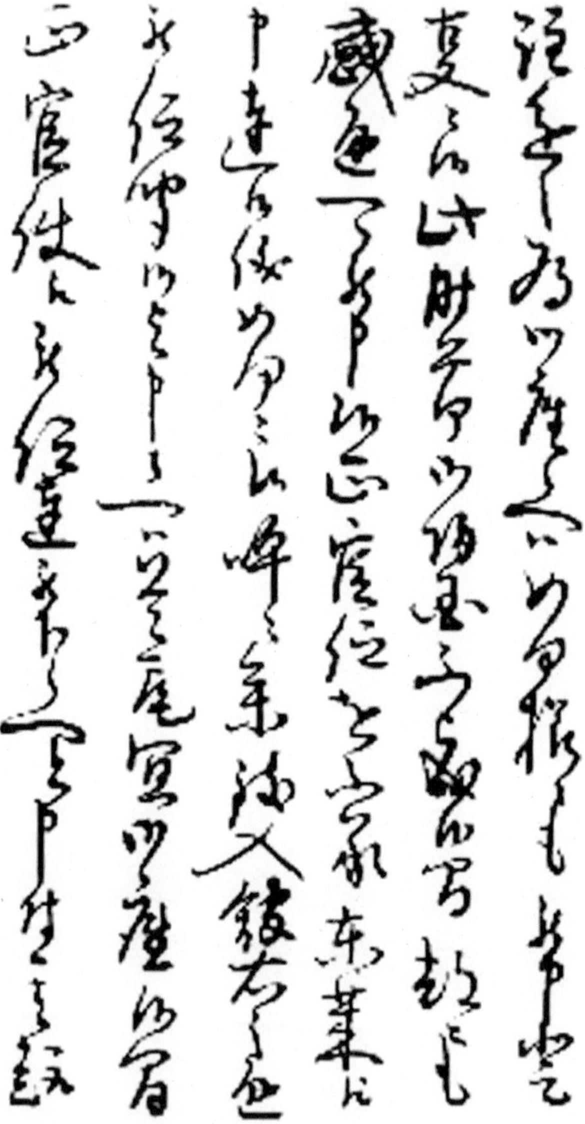

注進之道御座候ヘハ如何様ニ茂被申登事ニ候此時節御帰国不被成候間都ニも感通可被申候正官仰を不承東莱江申達候儀如何ニ候呼ニ参致入館右之通被仰聞候与申候ヘハ首尾宜御座候間正官使江被仰達被下候へと申付其趣

まだ注進の道は残されてございます。だから、どのようにも上申する事は可能です。このような[不幸な]時節でございますのに、御帰国に成られ無いという事は、都でも[その御忠勤に対し]感動致す事でございましょう。[この際]正官殿の仰せを承らずに東莱へ帰り[このような報告だけを]申し伝える事は、如何なものでしょうか。[せっかく]お呼び[いただいたので]参り[こうして]入館致しました。そこで右の通りに[さらに正官殿のお考えを、こちらに]お聞かせ下さい。[東莱府使へ、その旨を]報告致します。[思いが伝われば]首尾は宜しく行くと存じます。そのように正官殿へお伝え下さり[どうぞ、お考えをお聞かせ]下さい。そのように[朴同知が、こちらに]申して来た。そのような趣旨を

아직 주진의 길은 남아 있습니다. 그러므로 어떻게든 상신하는 일은 가능합니다. 이 같이 [불행한] 시절인데도 귀국할 수 없다는 것은 도성에서도 [그 충의에 대해] 감동하실 것입니다. [이참에] 정관님의 명을 듣지 않고 동래로 돌아와 [이 같은 보고만] 전하는 것은 어떨까요. [모처럼] 불러 [주셔서] 찾아와 [이렇게] 입관하였습니다. 그래서 위와 같이 [다시 정관님의 생각을 이쪽에] 들려 주십시오. [동래부사에게 그 뜻을] 보고하겠습니다. [생각이 전해지면] 상황은 좋게 될 것이라고 생각합니다. 그렇게 정관님에게 전하여 [부디 생각을 들려] 주십시오. 그처럼 [박동지가 이쪽에] 요구해 왔다. 그러한 취지를

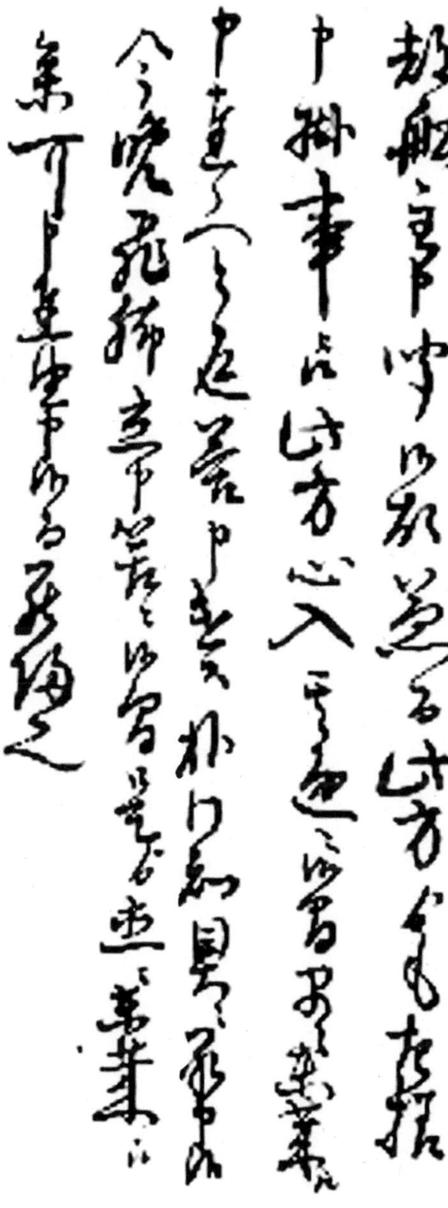

都船主申聞候故兼而此方よりも左様申掛事ニ候此方心入其通ニ候間早々東莱江申達候へと返答申遣ス朴同知具ニ承り申候今晩飛脚立申筈ニ候間是より直ニ東莱江参可申達由申候而罷帰也

都船主が聞き、兼ねてからこちらも[返翰が罷り下るように]そのように[何度も]申し掛けていた。こちらの考えも、その通りであるから、早々に帰り[それだけの事を]東莱府使へ伝えるよう返答した。朴同知は、具に承りました。早速、今晩にも飛脚を立てる手筈に致したいと存じます。それゆえ是より直ちに東莱府へ参り[その旨を府使へ]伝えることに致しますと、このように言って帰っていった。

도선주가 듣고, 전부터 이쪽도 [반한이 내려오도록] 그렇게 [몇 번이나] 요구하고 있다. 이쪽의 생각도 그대로이므로, 서둘러 돌아가 [그것 만을] 동래부사에게 전해 달라고 반답했다. 박동지는 자세히 들었습니다. 서둘러 오늘밤이라도 비각을 보내는 준비를 하고 싶다고 생각합니다. 그렇기 때문에 지금 즉시 동래부에 가서 [그 뜻을 부사에게] 전하도록 하겠습니다라고, 이렇게 말하고 돌아갔다.

○乙亥元禄八年正月九日　天龍院公別勢

御講任於家傳而所學者之方今訓導別儀

至以東甘林方使々申達

【大綱三一段(元祿八年一月①)】

(31-00)

○ 乙亥元禄八年正月九日　天竜院公州務御再任被蒙仰候段与左衛門方より訓導別差を以東莱府使江申達候

【大綱三一段(元祿八年一月①)】

(31-00)

○ 乙亥の年、元禄八年の正月九日、天竜院公(宗義真)が[公儀からの仰せで]州務に御再任になった。その事を与左衛門方から訓導別差を以て東莱府使へ申し伝えた。

【대강 31단(원록 8년 1월 ①)】

(31-00)

○ 을해년, 원록 8년 정월 9일에 텐류우인공(소우 요시자네)이 [장군의 명으로] 타이슈우의 일을 재임하게 되었다. 그 일을 요자에몬 쪽에서 훈도별차를 보내 동래부사에게 전했다.

○同八年正月罷在ゟ一新之為御役宮被仰付
候上京仕ル

【大綱三二段(元祿八年一月②)】

(32-00)

○ 同八年正月 興左衛門一行之差備訳官朴同知帰京仕候

【大綱三二段(元祿八年一月②)】

(32-00)

○ 元禄八年の正月、興左衛門一行への差備訳官を命じられていた朴同知に、帰京するよう命令が下った。

【대강 32단(원록 8년 1월 ②)】

(32-00)

○ 원록 8년 정월, 요자에몬 일행의 차비역관을 명받은 박동지에게 귀경하라는 명령이 내려졌다.

一 正月七日朴同知入館、都船主方江致出
申候ハ、朴僉知方ゟ飛脚参、朴同知儀
急儀有之ニ付、此儀十余人付、急ニ罷帰候
申達候様ニ都船主江致申候処、明日入館
仕候様ニ申候段申遣ス

(32-01)

〃正月七日朴同知入館都船主方江罷出申聞候ハ朴僉知方より飛脚到来朴同知儀急度罷登候へと内証申参候付近日可罷登由申達候由段々都船主被申聞候故明日入館候様ニ与申聞差返ス

(32-01)

〃一月七日、朴同知が入館し、都船主方へ罷り出て申すには[都にいる]朴僉知の方から、飛脚が到来し、朴同知は間違いなく上京を命じられると[そのような情報を]内証で知らせて来た。それゆえ近日中に上京する予定になると、そのように語って来た。そのような次第を都船主は聞いたので、明日また入館するようにと申して[この日は]差し返した。

(32-01)

〃1월 7일에 박동지가 입관하여, 도선주 쪽에 와서 말하기를 [도성에 있는] 박첨지가 보낸 비각이 도래하여, 박동지는 틀림없이 상경을 명받을 것이라고 [그러한 정보를] 비밀리에 알려왔다. 그렇기 때문에 근일 중에 상경할 예정이라고, 그렇게 말했다. 그러한 사정을 도선주는 들었기 때문에, 내일 또 입관하라고 말하고 [이날은] 돌려 보냈다.

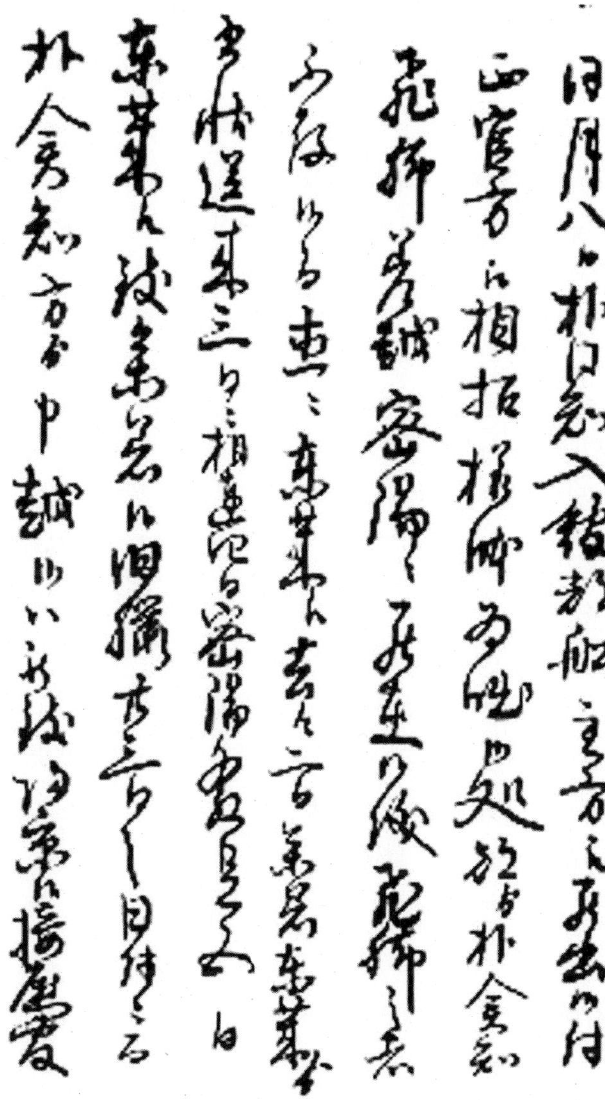

(32-02)

〃同月八日朴同知入館都船主方[江]罷出候付正官方[江]相招様体為咄候処都より朴僉知飛脚差越密陽ニ罷在候儀飛脚之者不存候而直ニ東莱[江]去ル二日参着東莱より書状送来三日ニ相達四日密陽発足五日東莱[江]致参着候旧臘廿三日之日付ニ而朴僉知方より申越候ハ被致帰京候接慰官

(32-02)

〃同月(一月)八日、朴同知が入館し、都船主方へ罷り出たので、正官方へ招き入れ、その事情について話しをさせた。すると都から朴僉知が飛脚を以て連絡して来たという。[その時、朴同知は]密陽に居たが、その事を飛脚の者は知らず、直ちに東莱へ向かい、去る二日に[飛脚は東莱に]着いた。東莱から[また密陽に]書状が送られ、三日に[その通知が密陽に]到着した。そこで四日に密陽を出発し、五日に東莱へ参着したという。書状は旧臘(昨年十二月)二十三日の日付であった。朴僉知方から申し伝えて来た事は、帰京なさった接慰官が

(32-02)

〃동월(1월) 8일에 박동지가 입관하여 도선주에게 갔는데, 정관이 불러 들여 그 사정을 설명하게 했다. 그러자 도성에서 박첨지가 비각으로 연락해 왔다 한다. [그때 박동지는] 밀양에 있었으나 이 일을 비각은 알지 못하고 곧바로 동래로 향해, 지난 2일에 [비각이 동래에] 도착했다. 동래에서 [또 밀양으로] 서장을 보내, 3

일에 [그 통지가 밀양에] 도착했다. 그래서 4일에 밀양을 출발하여 5일에 동래에 도착했다 한다. 서장은 구랍(작년 12월) 23일부였다. 박첨지가 전해 온 것은 귀경하신 접위관이

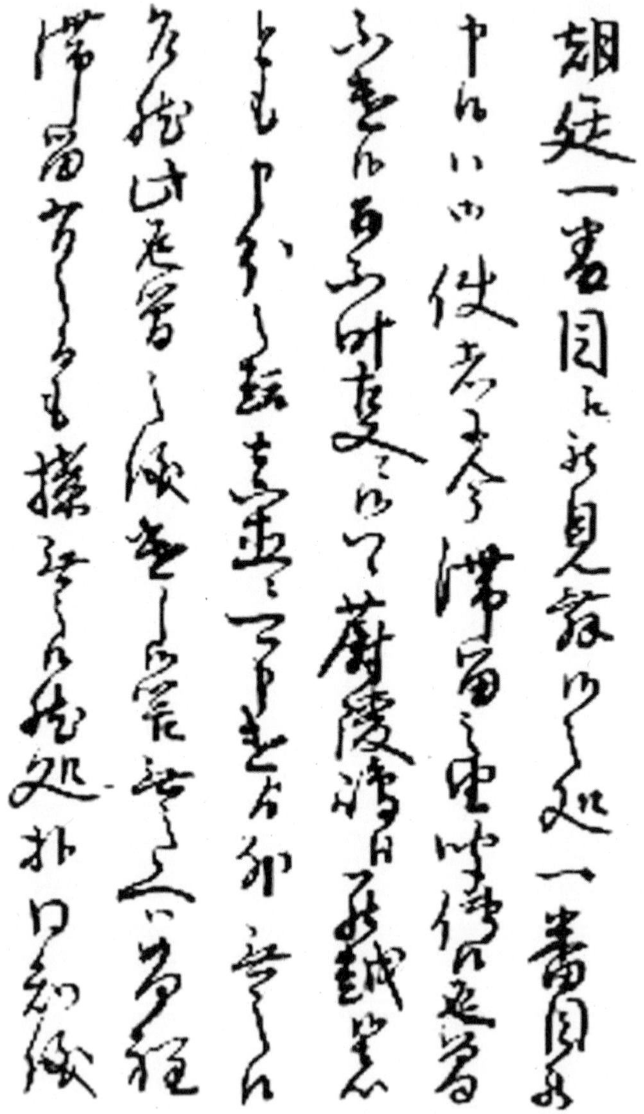

朝廷一番目江被見舞候之処一番目被申候ハ御使者于今滞留之由聞伝候返簡不遣候而不叶事ニ候ハヽ蔚陵嶋江罷越候者とも申分之趣真書ニ可申遣より外無之候乍然此返簡之儀遣し候筈無之候へハ如何程滞留有之而も構無之候然処朴同知儀

朝廷の一番目[の領議政の地位にある方へ、ご機嫌伺いとして]御見舞いの御挨拶を成された処、この一番目の方(南九万)が申された事は、御使者は只今なお滞留致しているとの事を聞いている。返翰を遣わさなければ叶わぬ事であれば、蔚陵嶋へ罷り越した者どもの言い分、その[朝鮮の蔚陵嶋に渡ったと]申す趣旨を、そのまま真書にして申し遣わすより外に無いであろう。然しながら、このような返翰であれば、遣わすまでも無い事である。それゆえ、どれ程[使者が]滞留を続けようと[もう一切]構うことは無い。そのような処に[なお]朴同知が

조정 첫 번째[의 영의정 지위에 있는 분에게 문안을 드리기 위해] 찾아가 인사드렸을 때 그 첫 번째 분(남구만)이 말씀하시길, 사자가 지금도 체류하고 있다고 듣고 있다. 반한을 보내지 않으면 안 되는 일이라면 울릉도에 도해했던 자들의 이야기, 그 [조선의 울릉도에 건넜다고] 말하는 취지를 그대로 한문으로 해서 보낼 수 밖에 없을 것이다. 그러나 이 같은 서간이라면 보낼 필요도 없는 일이다. 그렇기 때문에 아무리 [사자가] 계속 체류한다 해도 [더 이상] 상관할 것은 없다. 그러한 상황에서 [계속] 박동지가

公儀之究竟を書候所唯今之通達而候ハヽ
難申候ニ付朴同知儀ハ密陽へ参山浦ニ[illegible]候
居宅を構妻子なとも呼寄置[illegible]相極
候方故儀ハ不及承候依之相究人へ候上
滞留仕候而急飛中付候様ニ存之
候間使者衆ハ公儀向ニ而申候使者衆
中滞留之段此上候得ハ之程も相知候処
我等元滞留節[illegible]被致[illegible]ニ付
不相叶候処[illegible]不相叶候ニ

公儀之宛行を請永々唯今迄致逗留候段難心得候朴同知儀者密陽釜山浦両所ニ居宅を構妻子有之由聞届候左様之得方成儀ニ而不致帰京候与相見へ候此上致滞留候ハヽ急度申付候様有之与之事ニ候間御使者江者公儀向より与不申御使者永々御滞留ニ而此上御帰国之程も不相知候之処私爰元滞留都之首尾殊外気遣敷存候付罷登り候由内証向ニ申成シ早々罷登り候様ニ

公儀の宛行(給与)を請け、永々と唯今迄、逗留を致しているのは心得難いことである。朴同知は密陽と釜山浦の両所に居宅を構え、そこに妻子がいるとの事を聞き及んでいる。そのような事情により[逗留が]得策と考え帰京しないのであろう。この上[なお]滞留を続けるならば、必ず[科を]申し付けると、そのような事を[朴僉知が]連絡して来た。なお朴僉知からは、この事について[追加の]申し遣わしがあった。すなわち、御使者へは[朝鮮の]公儀からの[命令である]と申さず、御使者が永々と御滞留であり、この上御帰国の予定も付かないので、私[朴同知]がこの地に滞留のままだと、都の首尾が殊の外、気遣わしく思われる。そこで上京を致したいと、そのように内証向きに申して、早々に[都へ]罷り登る様にと、

조정의 급여를 받으며, 계속 지금까지 두류하고 있는 것은 이해할 수 없는 일이다. 박동지는 밀양과 부산포 두 곳에 거주지를 마련하고 그곳에 처자가 있다고 듣고 있다. 그 같은 사정으로 [두류가] 득책이라고 생각하여 귀경하지 않는 것일 것이다. 이 이상 [더] 체류를 계속한다면 반드시 [죄를] 묻겠다고, 그 같은 일을 [박첨지가] 연락해 왔다.

또 박첨지는 이 일에 대해 [추가] 전달이 있었다. 즉 사자에게는 [조선] 조정의 [명령이라고] 말하지 말고, 사자가 장기간 체류했고 게다가 귀국할 예정도 없어 저 [박동지]가 이곳에 계속 체류하면, 도성의 상황이 의외로 어렵다고 생각한다. 그래서 상경하고 싶다고, 그렇게 비밀리 말하고 서둘러 [도성으로] 올라오도록 하라고

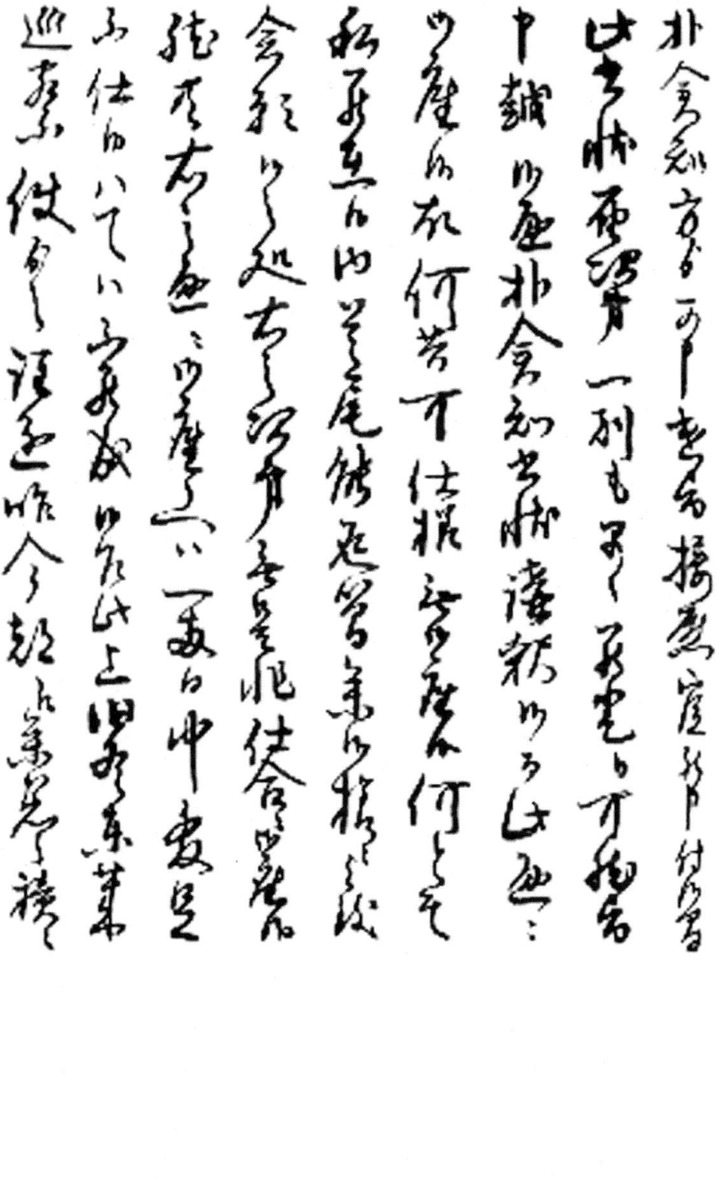

朴僉知方より可申遣旨接慰官被申付候間此書状届次第一刻も早ク罷登り可然旨申越候通朴僉知書状講釈候而此通〻御座候故何共可仕様無御座候何とぞ私罷在候内首尾能返簡参候様〻与致念願候之処右之次第無是非仕合〻御座候然共右之通〻御座候へハ一両日中発足不仕候ハてハ不罷成候乍此上旧冬東莱巡察使より之注進昨今都江参着之積〻

朴僉知の方からそのような伝言がございました。その旨を[在京の]接慰官から申し付けられたとの事でございます。この書状が届き次第、一刻も早く[都へ]罷り登り、然るべき旨を報告するようにと[そうでなければ立場上、困難な事になると]その通りの事が、朴僉知の書状の語る講釈(道理ある説明)でございました。この通りでございますので、どのようにもすることはできません。何とぞ私が[この地に]滞在中に、首尾よく返翰が参り下る様にと[これまでひたすら]念願を致しておりました。だが右のような次第で、まことに残念なことになってしまいました。右の通りの事情でございますので、一両日中には[この地を]出発しなくては成りません。しかしながら、この上にも、なお旧冬には東莱を廻る巡察使(慶尚道監司の李寅煥)からの注進がございました。昨今[それが]都へ参着する予定

박첨지 쪽에서 그러한 전언이 있었습니다. 그 뜻을 [재경의] 접위관에게 명받았다는 것입니다. 이 서장이 도착하는 대로 일각이라도 빨리 [도성으로] 올라가, 그러한 내용을 보고하도록 하라고 [그렇지 않으면 입장이 곤란하게 된다고] 그 같은 일이 박첨지의 서장이 말하는 강석(도리가 있는 설명)입니다. 이렇기 때문에 어떻게 할 수 없습니다. 어쨌든 제가 [이곳에] 체재하는 중에 무난히 반한이 내려올 수 있도록 [지금까지 한결같이] 염원하고 있었습니다. 그러나 위와 같은 상황으로 참으로 유감스러운 일이 되고 말았습니다. 위와 같은 사정이기 때문에 하루 이틀 중에는 [이곳을] 출발하지 않으면 안 됩니다. 그런데 이 외에도 또 지난 겨울에는 동래를 순찰하는 순찰사(경상감사 이인환)의 주진이 있었습니다. 지금쯤 [그것이] 도성에 도착할 예정

申候ハヽ此度者ハ持て不罷成候故一番目
川迄參申候処高月より唐人ニ使者ヲ遣シ
筈ニ而參不申候故二番目文ヲ川迄
三番目ニ者前ゟ役目故ニ此者持文ヲ遣ス
參申趣合七十三歳ニ而役目ハ老人故
ハ此中參候ハ唯今一番目一人ニ而往來
其上此一番目姉ニ蔚陵嶋ハ年寄ニ者
伯耆ニ而竹嶋ハ日本之内ニ而候ニ朝鮮人
捕來候ハヽ其方共捕候ハヽ日本人成敗可有之候

御座候間此返答御待可被成候去比一番目引込被申候処当月五日唐より之使者参着之筈故達而被呼出候へ者二番目又被引込三番目者前より役目断ニ而此節猶又達而被申都合七十三度之断ニ而役目被差免候由申来候唯今一番目一人ニ而諸事難済其上此一番目始より蔚陵嶋江参候者共之伯耆ニ而竹嶋ハ日本之内ニ而無之候ニ朝鮮人捕来候与有之而捕候日本人成敗ニ逢候儀

でございます。この返答を御待ちに成られるのが宜しいかと存じます。去る頃、一番目[の地位にある方(南九万)]が[その地位を]引き、退く予定でございました。だが当月の五日、唐(大清帝国)からの使者が参着する事となり、達って呼び出されたのでございます。二番目[の地位にある方(朴世采)]は又[その地位を]引き、退かれておられます<註1>。三番目[の地位にある方(尹趾完)]は以前から[その地位に伴う]御役目をお断り致しておられました。だが此の節の事であり、猶又、達って[御役目を果たすよう]命じられてしまいました。だが都合七十三度にも渉るお断りによって、この役目を差し免がれたとの事を聞いております<註2>。唯今は、この一番目[の地位にある方]一人だけで[政務を取り仕切っておられます。ですが、やはり]諸事[円滑には]済み難いところでございます。その上、この一番目の方は、始めから蔚陵嶋へ参った者共の証言を全て信じておられました。彼らが伯耆において経験した事、竹嶋は日本の域内に在る島では無いのに[ここで二人の]朝鮮人を捕え[伯耆へ]連れ帰った事、その召し捕りを行った日本人が成敗に逢ったことを

(예정)입니다. 이 반답을 기다리시는 것이 좋을 것이라고 생각합니다. 지난번, 첫 번째[의 지위에 있는 분(남구만)]가 [그 지위에서] 물러날 예정이었습니다. 그러나 당월 5일에 당(대청제국)의 사자가 오시는 일이 있어 특별히 호출되는 일이 있었습니다. 두 번째[의 지위에 있는 분(박세채)] 역시 [그 지위에서] 물러나 은퇴하고 계십니다. 세 번째[의 지위에 계시는 분(윤지완)]은 이전부터 [그 지위에 따르는] 역할을 거절하고 계셨습니다. 그러나 요즘 또다시 특별히 [역할을 수행하라고] 명받고 말았습니다. 그러나 도합 73회에 걸쳐 거절하였으므로 이 역할을 면제받았다고 듣고 있습니다. 바로 지금, 이 첫 번째[의 지위에 있는 분] 혼자만이 [정무를 집행하고 계십니다. 그러나 역시] 만사가 [원활하게] 진행되기는 어렵습니다. 게다가 이 첫 번째 분은 처음부터 울릉도에 간 자들의 증언을 모두 믿고 있었습니다. 그들이 호우키에서 경험한 일, 죽도는 일본 역내에 있는 섬이 아닌데 [이곳에서 두 사람의] 조선인을 붙잡아 [호우키에] 연행해 간 일, 그 납치를 행한 일본인이 처벌받은 일을

彼方ゟ罷越長崎ニ而差遣申候ニも 佐藤々
参勤之前道中ニ而之事 其上ニ今度中ゟも
少々御用之者押々 致遣ニ而将監儀何之様
許状之類を以差遣 江戸向之差支候
出候て先角御用之儀御心入られ 何角之儀
信掛候て偏ニ存入 然ば御取一篇ニ存寄
申切候様ニ仕度候 今ニ掛 御下り事ニ候
其上都表将監ニ候 世話方之儀ニ付
於船手之間ニ而御渡可申 入候儀 一通り

彼方ニ而承又長崎江被送遣候ニも結構ニ乗物ニ而道中水迄打其上ニ金子等もらひ候を御国之者押へ取返し候様成儀細々致訴状候趣尤ニ被存込江戸向者無別条候得共兎角御国之御心入ニ而何角与被仰掛候与偏ニ存入被居候故一筋ニ返答被申切候致帰京候ハヽ命ニ掛段々可申達候尤都表様子之儀第世倅方迄以飛脚都船主迄具ニ内証可申入候唯今一番目

彼方(江戸)で承った事<註3>、又長崎へ送り遣わされた折、結構にも乗物で移動し、道中では[暑い中、道に]水までも打ち、その上に金子等を貰った事、それを御国の者が押収したので取り返したいと細々と訴えた事など、そのような発言の趣旨を[全て]尤もと思っておられます。江戸に向けては格別[のわだかまりは]有りませんが、兎も角も御国(対馬)に対しては[いささか不快に感ずる]御考えがあるようでございます。色々と申し掛けても、一方的なお考えでおられるので、一筋に返答を断ち切ってしまわれます。帰京致したならば、命に掛けても、その一つ一つについて[朝廷に]事情を申し上げたいと思っております。尤も都表の様子[については、なお窺い知れないところがありますので、分かり次第]その事情を、ただひたすら世間に通じている兵卒方迄、飛脚を以て[申し伝えます。そこからさらに]都船主方迄、具に内証の話を申し入れようと思っております。唯今のところ一番目[の地位にある方]は

그곳(에도)에서 들었다는 것, 또 나가사키에 보내졌을 때 훌륭한 탈것을 타고, 도중에서는 [더운 가운데 길에] 물까지 뿌려주고 게다가 돈을 받았다는 일, 그것을 본국 사람이 압수했기 때문에 돌려받고 싶다고 자세히 소송한 일 등, 그러한 발언 취지를 [모두] 당연하다고 생각하고 계십니다. 에도에 대해서는 각별[한 유감이] 없습니다만, 어쨌든 본국(쓰시마)에 대해서는 [약간 불쾌하게 느끼는] 생각이 있는 것 같습니다. 여러 가지 말을 해도 일방적으로 생각하고 계시기 때문에 한결같이 반답을 거절해 버립니다. 귀경하셨다면 목숨을 걸고라도 그 하나하나에 대해 [조정에] 사정을 설명하고 싶다고 생각하고 있습니다. 원래 도성의 상황[에 대해서는 더 살펴 알고 싶은 것이 있으므로, 아는 대로] 그 사정을 그저 한결같이 세간에서 이야기되고 있는 것을 병졸들에게 비각으로 [전하겠습니다. 그리고 더 나아가] 도선주 쪽에 자세히 비밀이야기를 알려드리려고 생각하고 있습니다. 바로 지금 첫 번째[의 지위에 있는 분]은

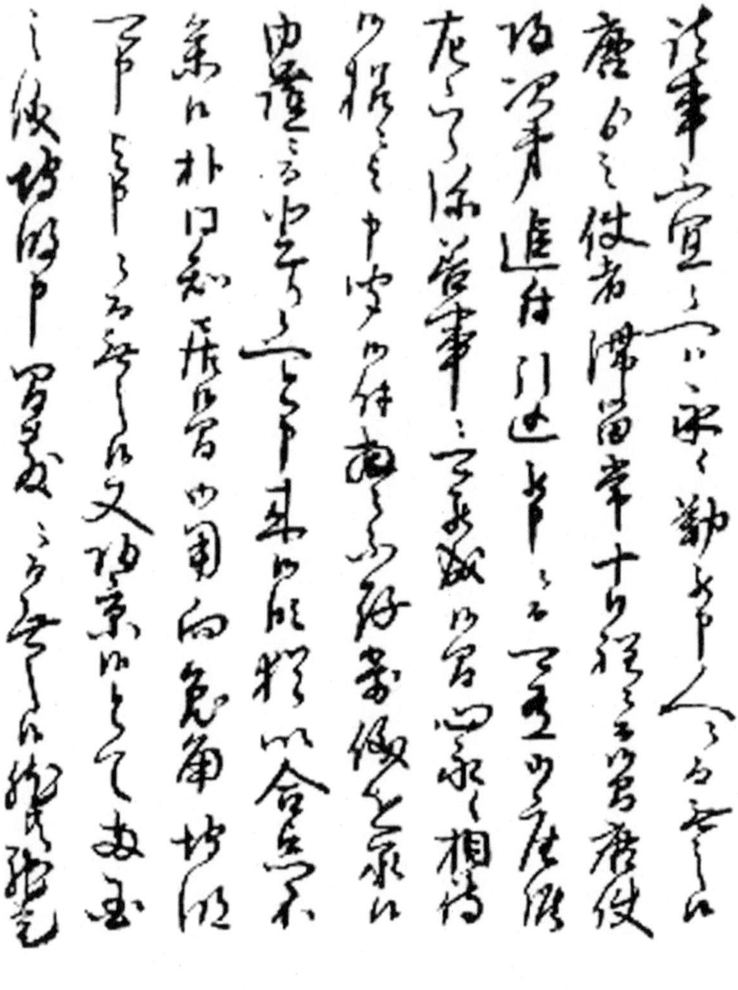

諸事不宜候ヘハ永く勤被申人ニ而無之候唐より之使者滞留常十日程ニ而候間唐使帰次第追付引込被申ニ而可有御座候左候ハヽ弥善事ニ可罷成候間心永く相待候様ニ与申聞候付扨々不存寄儀を承候内証ニ而登り候へと申来候段猶以合点不参候朴同知居候間御用向兎角埒明可申与申ニ而無之候又帰京候とて両国之儀埒明申間敷ニ而ハ無之候儀共馳走

[政務の]諸事[取り仕切り]が宜しくないので[今後]永く御勤めをなさる人ではありません。唐からの使者が滞留するのは常に十日程のことであり、その唐使が帰り次第、追っ付け[その地位を]引き、退きたいと申される事でありましょう。もしそうであれば[政務を取り仕切る方の交代となり]いよいよ[対馬にとっては]善事と成ることでありましょう。心を永くしてお待ち下さい。そのように[朴同知は]申して来た。それを聞いて、さてさて思いも寄らぬ事を話し出したものだと思った。内証で上京するようにと[都から]申し伝えて来たのに[それを、こちらに話し出すとは、果たしてその真意は何であろうか。]猶以て合点ができない。朴同知が[この地に]居ると、御用向きは兎も角も埒が明くと、そのように[自らの仕事ぶりを誇って]申すようなわけでは無さそうである。又帰京するからといって[自らが不在のため]両国の事が埒の明くようにはならないと[そのような事を主張する]わけでも無さそうである。それと共に[朝廷のお考えも、またその真意が受け取れない。]馳走役の

[정무의] 모든 일을 [처리하는 것]이 바람직하지 않아 [금후] 오랫동안 근무할 분이 아닙니다. 중국 사자가 체류하는 것은 보통 10일 정

도로, 그 당의 사자가 돌아가는 대로 곧바로 [그 지위를] 내놓고 물러나고 싶다고 말하실 것입니다. 만일 그렇게 되면 [정무를 주재하는 분을 교대하게 되어] 결국 [쓰시마에는] 좋은 일이 될 것입니다. 마음을 길게 잡고 기다려 주십시오. 그렇게 [박동지가] 말해 왔다. 그것을 듣고 참으로 생각지도 못한 일을 전해 왔다고 생각했다. 비밀리 상경하는 것처럼 하라고 [도성에서] 전해 왔는데 [그것을 이쪽에 말한다는 것은 과연 그 진의는 무엇일까.] 더욱 이해할 수 없다. 박동지가 [이곳에] 있으면 용무는 어떻게든 해결된다고, 그렇게 [스스로의 일처리를 자랑하여] 말하는 것은 아닌 것 같다. 또 귀경한다해서 [자신이 부재하여] 양국의 일처리가 안 되는 것이라고 [그 같은 일을 주장하는] 것도 아닌 것 같다. 그리고 또 [조정의 생각도 역시 그 진의를 알 수 없다.] 치주역의

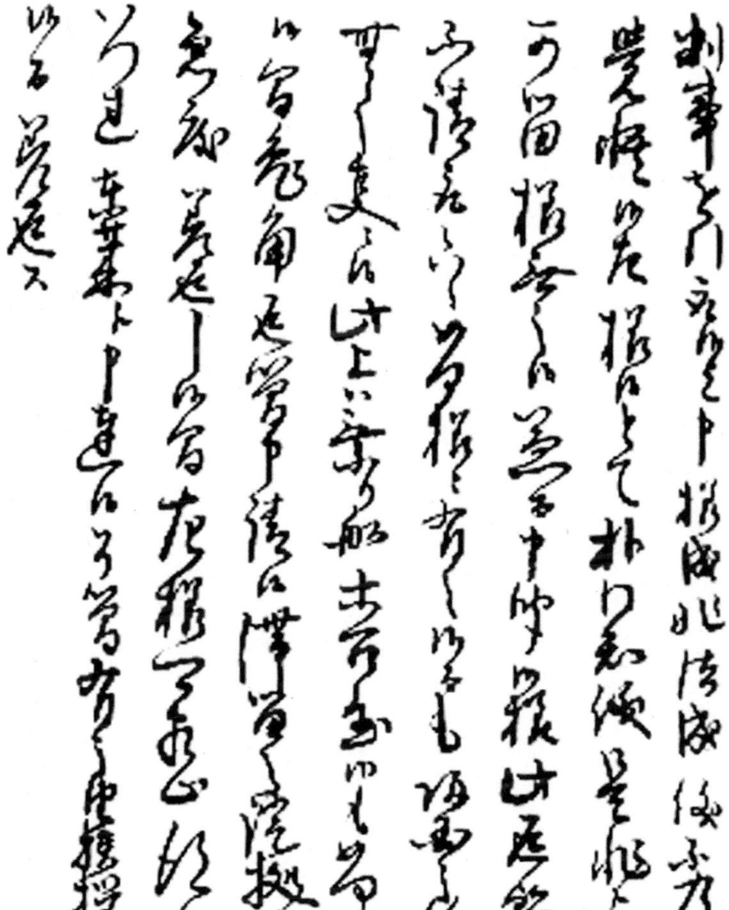

判事を引取候与申様成非法成儀不及覚悟候左様候とて朴同知儀是非与可留様無之候兼而申聞候様此返翰不請取候ハヽ如何様ニ有之候而も帰国之儀無之事ニ候此上ハ乗り船等召置候も如何ニ候間兎角返簡申請候滞留之証拠ニ急度差返し候間左様可相心得候いつれ東莱江申達候了簡有之由挨拶候而差返ス

判事を引き揚げると言う様な[まさに誠信の道に外れるような]非法な行動を起こすとは、実に思いもよらぬ事である。だがそうであるからといって、朴同知を[この地に]是非とも留め置くべきであると、そのように申し出る必要も無いことである。兼ねてから申し聞かせている様に、この返翰を請け取らなければ[事態が]どのようで有っても[我らは]帰国することは無い。このような事態に立ち至れば[いつ返翰が罷り下ってくるか分からない。]乗り船などを召し置き[直ぐにも帰国可能なように、準備していても果たして]如何であろうか。[もう意味も無いことであろう。こちらは、ひたすら待ち続けるので]兎も角も返翰を申し請けていただきたい。このような滞留を続ける証拠に[準備された乗り船を]確実に[本国に]差し返すことにする。それゆえ、そのように心得て置いていただきたい。いずれ東莱府使へも[この長期滞留の事を]申し伝える所存である。そのように挨拶して[朴同知を東莱府へ]差し返した。

판사를 철수시킨다고 하는 [그야말로 성신의 도를 벗어난] 비법의 행동을 한다는 것은 참으로 생각도 할 수 없는 일이다. 그러나 그렇다고 해서 박동지를 [이곳에] 어떻게든 잡아두어야 한다고, 그렇게 요구할 필요도 없는 일이다. 전부터 말씀드렸듯이 이 반한을 청취하지 않으면 [사태가] 어떻게 되어도 [우리들이] 귀국하는 일은 없다. 이 같은 사태에 이르게 되면 [언제 반한이 내려올지 알 수가 없다.] 타고 갈 배를 불러 두고 [바로 귀국이 가능하도록 준비하고 있어도 과연] 어떻게 될 것인가. [이미 의미없는 일일 것이다. 이쪽은 한결같이 기다리기 때문에] 어떻게든 반한을 받았으면 한다. 이렇게 체류를 계속하는 증거로 [준비된 배를] 확실히 [본국으로] 돌려보내기로 한다. 그러니 그렇게 알아주었으면 한다. 언젠가 동래부사에게도 [이 장기체류의 일을] 전할 생각이다. 이렇게 인사하고 [박동지를 동래부로] 돌려보냈다.

一 同月九日訓導朴同知別差呂判事相招
正官對面之上申渡候趣ハ朴同知
入館以来曽候ハヽ彼表ゟ滞留之内至
極之難題も不相知候ニ付久々之御逗留
殊ニ近比残暑殊外気色悪敷候付早々
一段可然哉ニ存候由申候上よし悦候
留而不可相成候而も此処彼是判事之儀
被成候而今と不宜事ニ候間之例ニ而処
被仰合候ハヽ難儀候而相尋之旨候哉

(32-03)

〃同月九日訓導卞同知別差呉正相招正官対面之上申渡候者昨日朴同知入館候而申聞候ハ使者永々滞留ニ而此上帰国之程も不相知候之処久々罷在候段都之首尾殊外気遣敷存候付近日可罷登旨申聞候左様申出候上者是非与留可申様無之候乍然馳走判事之儀者使者帰国之節浜迄見送る先例ニ候処唯今之申分難心得候ヶ様之作法茂

(32-03)

〃同月(一月)九日、訓導の卞同知、別差の呉正を招き、正官が対面し、彼らに申し渡す事があった。昨日、朴同知が入館して申した事は、使者が永々と滞留し、その上、帰国の日程も定まらない処に、久々にお伺いを致した。最近の都の首尾は、殊の外、気掛かりなところが有る。それゆえ近日中にも上京致したい。そのような趣旨を申し述べた。そのように申し出たからには、是非[にも残るように]と留めるような事もできなかった。然しながら、馳走役としての判事の役割としては、使者が帰国の節には、浜辺まで見送るのが先例である。そのような処に、唯今のように[見送ることはもとより、自らが先に帰京するような]申し入れをして来るとは[こちらにとって、実に]心得難い事である。このような作法が

(32-03)

〃동월(1월) 9일에 훈도 변동지와 별차 오정을 불러, 정관이 대면하여 그들에게 말한 일이 있다. 어제 박동지가 입관해서 말한 것

은 사자가 오랫동안 체류하고 게다가 귀국 일정도 정하지 않은 곳에 오랜만에 찾아왔다. 최근 도성의 상황은 의외로 신경 쓰이는 일이 있다. 그러하니 근일 중에 상경했으면 한다. 그러한 취지를 이야기했다. 그렇게 말한 이상, 어떻게든 [남아 달라고] 말리는 일도 할 수 없었다. 그러나 치주역으로서의 판사 역할은 사자가 귀국할 때, 해변까지 전송하는 것이 선례이다. 그런데 지금처럼 [전송은커녕 자신이 먼저 귀경한다는] 요구를 해오는 것은 [이쪽으로서는 참으로] 이해하기 어려운 일이다. 이 같은 작법이

御座候例書付之表ニ而朴同知[illegible]自然ニ

不被為御尋候哉定而東萊表ゟ禁内中へ

可申上候東萊府使ゟ申上候ニ而都へ[illegible]

無之右之儀御尋之節朴同知中可被申聞候

ニ而[illegible]世上ニ而[illegible]

候様ニ而仕方東武之命を以来候使者ニ而

[illegible]入候得は[illegible]

東武之[illegible]

可被成候様仕方東武對[illegible]

御座候哉例も有之事ニ候哉朴同知帰京自分ニハ罷成間敷候間定而東莱江案内申ニ而可有之候東莱も御同意ニ候哉都之首尾無心元可致帰京与朴同知申候得共曾而其身存寄ニ而ハ無之都より之御差図与存候唯今之御仕方東武より之命を以参候使者与ハ曾而不思召御心入与存候乍然質人被差返候時東武より之仰与書簡ニ有之上ハ爰ニ御疑者有之間敷候然上ハ唯今之御仕方　東武江対シ御不礼

[朝鮮においては]罷り通るのであろうか。[これまでの]例においては、このような[使者送迎の作法に外れるような]事例は無かったように思う。朴同知の帰京とは、もう自分には扱いかねるという事で、おそらく[今後は]東莱府使へ[話しを繋ぐ事になり、その]案内をするのであろう。東莱府使も[この事については]御同意であろうか。都の首尾が心元無く、それゆえ帰京しなければと朴同知は申していたが、彼自身の考えから出たものでは無く、全てが都からの御差図であると[こちらは]思っている。唯今のような御仕方は[我々を]東武からの御命令によって派遣された使者と、全く思ってはおられぬようで、そのような御考えは無いとお見受けする。然しながら質人を差し返した時点で、東武からの御命令であると[確かに]書簡に記載が有るので、この点に付いては、御疑いの有る筈は無いであろう。とすると唯今の御仕方は、東武へ対し不礼

[조선에서는] 통하는 일인가. [지금까지의] 예로 보아서는 이 같은 [사자 송영의 작법에 벗어나는] 사례는 없었다고 생각한다. 박동지의 귀경이란 더 이상 자신은 취급하기 어렵다는 것으로, 아마도 [금후는]

동래부사가 [이를 이어받아, 그] 중개를 하게 될 것이다. 동래부사도 [이 일에 대해서는] 동의한 것인가. 도성 상황이 불안하여 그렇기 때문에 귀경하지 않으면 안 된다고 박동지는 말하고 있는데, 그 자신의 생각에서 나온 것이 아니라, 모두 도성의 지시라고 [이쪽은] 생각하고 있다. 지금과 같은 처리는 [우리들을] 동무의 명에 따라 파견된 사자라고 전혀 생각하지 않는 것 같아, 그러한 생각이 전혀 없는 것처럼 여겨진다. 그러나 인질을 돌려보냈을 시점에서 동무의 명령이라는 것을 [분명히] 서간에 기재하였으므로, 이 점에 대해서는 의문이 있을 리 없다. 그렇다면 지금의 처사는 동무에 대한 비례

右之節ハ此形ハ筆滴迄ニ候 入聴可有之候
朴同知渡海候哉東萊ヘ筆者相働候由御座候
変之候得共張先判事ニ而ハ此法式欠候儀
悪ク不致候旨 朴同知存寄留候故又ハ
首譯之儀 右任過ニ而判交代候ハヽ
差出候ハヽ 免角東萊ヘ申留置候ヘハ判事交
人柄之重キ候ヘ共首譯之人ハ如何之者も非

千万ニ候此段ハ事済追而申入様も可有之候朴同知致帰京両国之用事埒不埒与申儀無之事ニ候得共馳走判事為御引法式欠キ申儀決而不罷成候間朴同知被差留候歟又者首訳之儀被仰登下り之刻交代候而被差登候か兎角東莱御了簡可有之候判事人柄ニ望無之候間首訳壱人ハ帰国迄罷下り居

千万な御作法である。この問題は[返翰の]事が済み次第、また追って[厳重に]申し入れをする積もりである。朴同知が帰京致し、両国の用事について[それを]埒あるいは不埒と報告する事については、こちらの申し入れることでは無い。だが馳走役の判事を[中途で]御引き揚げになり[これまでの]法式を欠き[礼を失するような]やり方は、決して許せるような事では無い。それゆえ朴同知[の帰京を一旦]差し留められるか、又は首訳[となる新たな人物を]京に呼び寄せ、その[東莱および釜山への]下向の折[朴同知を]交代させて上京させるか[そのいずれかであろう。]兎も角も東莱府使におかれては、このことへの[正しい]御考えが有るべきである。判事については、その人柄について[こちらに]特に要望が有るわけでは無い。ただ首訳一人は帰国迄[この地に]罷り下り、居

천만의 작법이다. 이 문제는 [반한의] 일이 처리되는 대로 또 그것을 [엄중히] 진언할 생각이다. 박동지가 귀경하여 양국의 용건에 대해 [그것이] 옳다 혹은 부당하다고 보고하는 일에 대해서는, 이쪽이 언급할 일은 아니다. 그러나 치주역의 판사를 [도중에] 철수시켜 [지금까지의] 법식을 어겨 [예를 상실한] 처사는 결코 용서할 수 있는 일이 아니다. 그렇기 때문에 박동지[의 귀경을 일단] 중지시키시거나 또는 수역[이 되는 새로운 인물을] 경으로 불러들여, 그 [동래 및 부산으로] 내려보낼 때 [박동지를] 교대시켜 상경시키거나 [그 어느 쪽일 것이다.] 어쨌든 동래부사에게는 이 일에 대한 [바른] 생각이 있어야 한다. 판사에 대해서는 그 사람의 인격에 대해 [이쪽에서] 특별한 요망이 있는 것은 아니다. 다만 수역 한 사람은 귀국할 때까지 [이곳에] 내려와 있(어야)

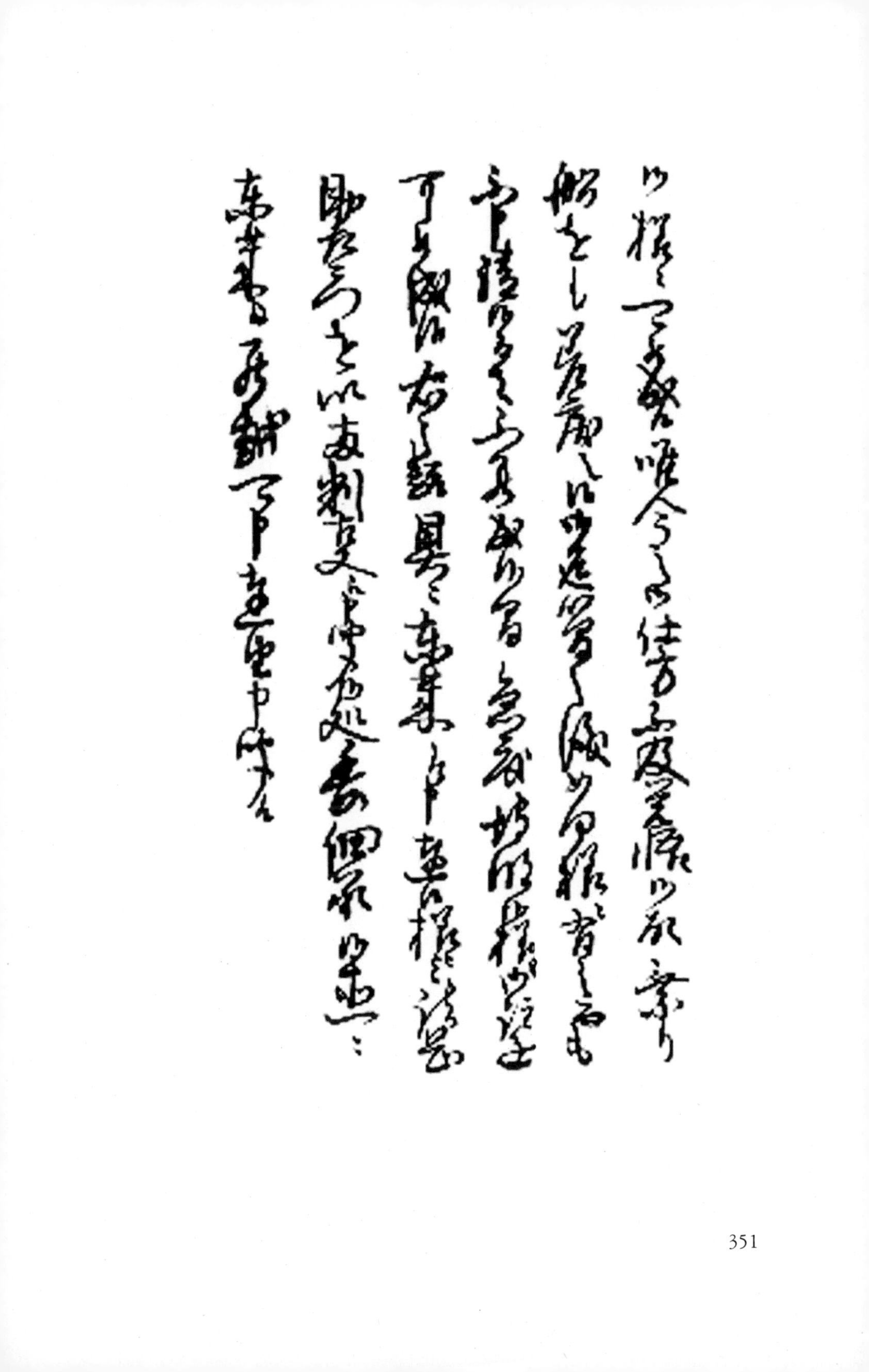

候様ニ可被成候唯今之御仕方不及覚悟候故乗り船をも差戻シ候御返簡之儀如何様ニ有之而も不申請候而者不罷成候間急度埒明候様ニ御注進可被成候右之趣具ニ東莱江申達候様ニ与請岡助左衛門を以両判事江申聞候処委細承候直ニ東莱江罷越可申達由申聞候

続けるべきである。[そのように思うだけである。]唯今のような御仕方は、思いも寄らぬ事であるので[今はもう本国へ]乗り船をも差し戻してしまった。御返翰の事は、どのようで有っても申し請けなくては罷り成らぬ事であるので、必ず埒の明くように御注進を致されたい。右の趣旨を具に東莱府使へ申し伝えるよう、諸岡助左衛門を以て両判事へ申し伝えた。すると委細を承りました。直ちに東莱へ罷り越し、この旨を申し伝えますと、彼らは応じた。

(있)어야 할 것이다. [그렇게 생각할 뿐이다.] 지금과 같은 처사는 생각할 수도 없는 일이기 때문에 [지금은 이미 본국에] 타고 갈 배도 돌려보내고 말았다. 반한의 일은 어떤 일이 있어도 받지 않으면 안 되는 일이기 때문에, 반드시 잘 되도록 주진해 주었으면 좋겠다. 위의 취지를 자세히 동래부에 전달해 달라고, 모로오카 스케자에몬을 양판사에 보내 전언했다. 그러자 자세히 알아들었습니다. 바로 동래에 가서 이 뜻을 전하겠습니다라고 그들은 답했다.

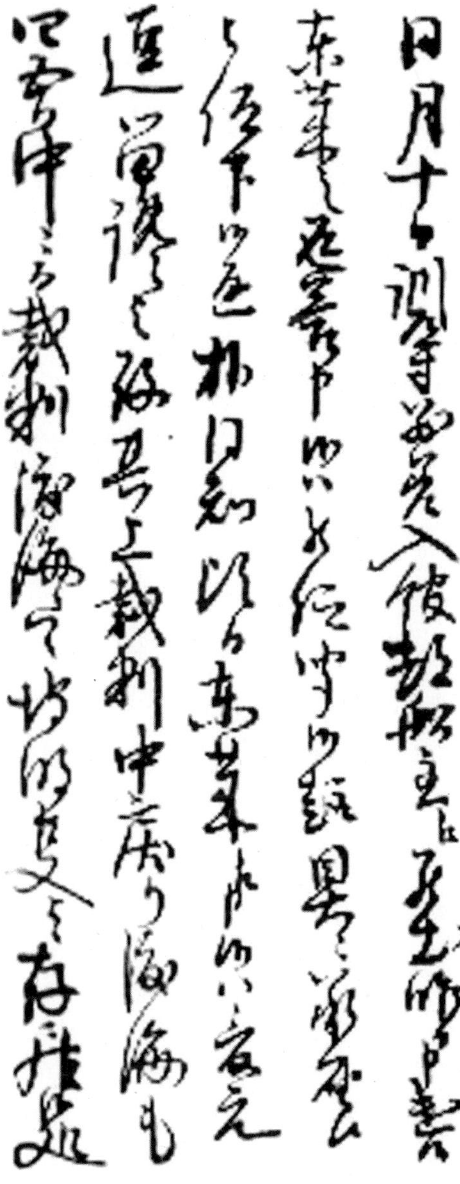

(32-04)

〃同月十日訓導別差入館都船主江罷出昨日申遣候東莱之返答申候ハ被仰聞候趣具ニ承届候被仰下候通朴同知頃日東莱江申候ハ爰元逗留纔与存其上裁判中戻り渡海も四五日中ニ而裁判渡海候ハヽ埒明事与存居候処

(32-04)

〃同月(一月)十日、訓導と別差とが入館して来た。都船主方へ罷り出て、昨日申し遣わした東莱府使への伝言に対し、その返答を寄せて来た。[東莱府使の返答は、以下のようなものである。]お話し下さった御趣旨については具に承った。お申し出の通りであると思う。朴同知が近頃、東莱府使へ申す事は、この地に逗留するのも、あと僅かだと思っていると、そのような話しをする。その上で[交渉相手の]裁判が[対馬へ]中戻りする[こととなり、その本国への]渡海も、四、五日中のことであると[そのような予定をお聞きをしていた。]裁判が渡海なさったならば[国元の了解を得て、交渉は]埒が明くと、そのように[こちらは]思っていた。だがそのような処に

(32-04)

〃동월(1월) 10일에 훈도와 별차가 입관했다. 도선주 쪽에 가서 어제 동래부사에게 전언한 것에 대해 그 반답을 가져왔다. [동래부사의 반답은 이하와 같은 것이다.] 말씀하신 취지에 대해서는 자세히 들었다. 말씀하신 대로라고 생각한다. 박동지가 근래 동래

부사에게 말한 것은, 이곳에 두류하는 것도 이제 얼마 남지 않았다고 생각하고 있다고, 그러한 이야기를 한다. 그리고 [교섭상대인] 재판이 [쓰시마로] 도중에 돌아가는 [일이 되어, 그 본국으로] 도해하는 것도 4, 5일 내의 일이라고 [그러한 예정을 듣고 있다.] 재판이 도해하셨다면 [본국의 이해를 얻어 교섭은] 잘 될 것이라고, 그렇게 [이쪽은] 생각하고 있었다. 그러나 그러한 때

裁判添海も宜しく候 仕方無御座候ニ付不相知候へとも
二三月頃帰帆便り無之 是非なく候とも 仕帰留
仕合ニ御座候ニ而 無之祥ニ無之下ニ而候 老年ニ而も
存生ニ而も数多年一人於ニ拝ニ相遣し候 一の儀難叶
候付ニ而致方無之也ニ而候 不遠存知候 存候
候恩儀も難叶判事重ニ候も留め候 候
又ハ不ニ候 候 不儀難儀 ニ而 仕候様ニ付候

裁判渡海も無之御使者帰国も不相知唯今迄二三月致滞留候儀日本之贔屓をも仕滞留仕与有之而必定科ニ逢可申候御存之通老之母も罷在子共数多私一人故ニ科ニ為遭候段何共難儀仕候付可致帰京由申候故不届千万ニ者存候得共接慰官より被残候判事之事ニ候得者留り候得共又登り候得共差図難仕心次第仕候様ニ与申付候御

[結局]裁判の渡海も無く、また御使者の帰国も[いつとは]相知れぬ事となった。唯今迄、二、三ヵ月も[予定を超えて]滞留なさることとなってしまった。[その間、朴同知は、終始]日本の贔屓を受け、やはり滞留を続けることとなった。このように[日本と深く関わる事に]なっては、必ずや科に逢うに違いないと、そのような[心配事を]申していた。御存知の通り[朴同知には]老いた母がいて、子共も数多くいる。[接慰官が帰京なさり]私一人が[この地に残れば、そのため]科に遭うように成る。そのようなことは何共難儀なことであると、このように帰京する理由を申し述べていた。まことに不届き千万の事と思うのであるが、接慰官より[長く、この地に]残った判事の事であるので[さらに、なお]留まるようにとも、又帰京するようにとも、差図することは出来かねた。その心の次第に任せると申し付けて置いた。

[결국] 재판의 도해도 없고, 또 사자의 귀국도 [언제라고] 알 수 없게 되었다. 바로 지금까지 2, 3개월이나 [예정을 넘어] 체류하시게 되고 말았다. [그 사이 박동지는 시종] 일본의 후원을 받으며 역시 체류를 지속하게 되었다. 이렇게 [일본과 깊게 관계된 일이] 되어서는 반드시 벌을 받게 될 것이라고, 그러한 [걱정을] 말하고 있었다. 아시는 대로

[박동지에게는] 늙은 어머니가 있고 자식도 많이 있다. [접위관이 귀경하시고] 혼자 [이곳에 남으면, 그것 때문에] 벌을 받게 된다. 그러한 일은 참으로 어려운 일이라고, 이렇게 귀경하는 이유를 말하고 있다. 참으로 말씀드리기 어려운 일이라고 생각합니다만, 접위관보다 [오랫동안 이곳에] 남은 판사의 일이므로 [다시 더] 남으라고도 또 귀경하라고도 지시할 수 없었다. 그 마음 여하에 맡긴다고 말해 두었다.

増田と承り候処御内証延引有之候処
拝借被仰付候様に相成候得共
林田御代替候然ハ信仰御座候
就夫出家衆共多御座候就夫
之衆中被仰候頂戴候難仕候信仰候
以之様々御座候御頂戴候様伺候
頂戴一切無之頂戴候様ニ橋本宮内

帰国迄居不申候而不叶儀ニ御座候処右之通候故科ニ被申付候様ニ与書簡相附為差登候朴同知代首訳之儀被仰下候趣御尤ニ存候然共出宴席をも被成たる儀ニ御座候へハ代被差下候様ニ与ハ注進難仕候然共仰之通御尤存候間御使者段々如此被仰聞候とハ注進可仕候返簡注進之儀も接慰官上京

[本来ならば御使者の]御帰国まで[この地に]居なくては叶わぬ事であるが、そのような処に、右の通りの事情で科に申し付けられそうであると、書簡が附けられ上京を促して来た。[それゆえ、こちらで差し止めるのも難しい。]朴同知に代る首訳[を選択し、こちらに送り込む事]については[その]お話し下さった御趣旨は[まことに]もっともに存ずる次第である。然しながら[今や]出宴席をも済まされているので[御使者は出船という段階である。交渉継続のための]代りを差し下して頂きたいと、そのような都への注進も仕り難いのである。だがそうは言っても、お話し下さった通り、もっともに思う次第であるので、御使者の諸事情を伝達するため[敢えて]注進を致したいと思う。[以前から御要望の]返翰が罷り下るよう注進する事も、接慰官が上京

[본래 사자가] 귀국할 때까지 [이곳에] 있지 않으면 안 되는 일이나, 그러할 때 위와 같은 사정으로 벌을 명받을 것 같다고, 서간을 보내 상경을 재촉해 왔다. [그렇기 때문에 이쪽에서 말리는 것도 어렵다.] 박동지를 대신하는 수역[을 선택하여, 이쪽에 보내는 일]에 대해서는 [그렇게] 말씀해 주신 취지는 [그야말로] 당연하다고 생각하는 바이다. 그러나 [지금은] 출연석을 마쳤으므로 [사자는 출선해야 하는 단

계이다. 교섭을 계속하기 위해] 대리자를 보내주셨으면 한다는, 그러한 주진도 도성에 하기 어려운 일이다. 그러나 그렇게 말은 해도 말씀하신 대로 당연하다고 생각하는 바이므로, 사자의 여러 사정을 전달하기 위해 [일부러] 주진하고 싶다고 생각한다. [이전부터 희망하는] 반한이 내려오도록 주진하는 일도 접위관이 상경

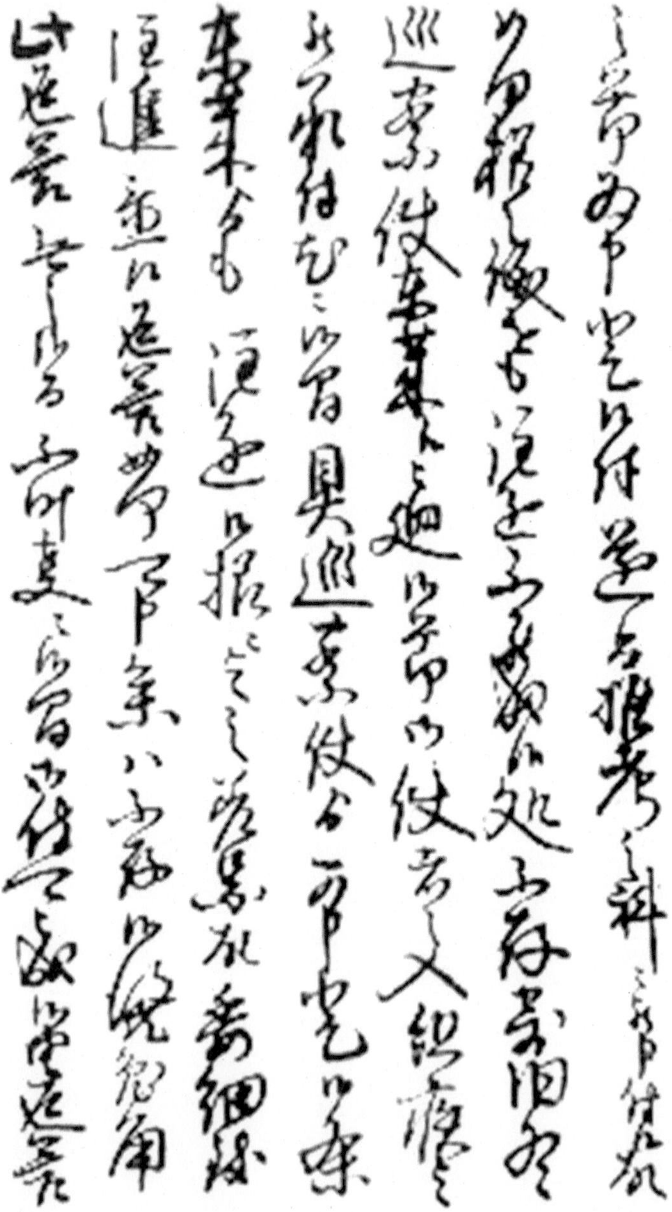

之節為申登候付還而推考之科ニ被申付候故如何様之儀をも注進不罷成候処不存寄旧冬巡察使東莱江被廻候節御使者之入館疾与被承付尤ニ候間具ニ巡察使より可申登候条東莱より茂注進候様ニ与之差図故委細致注進置候返答如何可申参ハ不存候得共兎角此返答無之候而不叶事ニ候間御待可被成候由返答

の節に[朝廷へ]申し上げているが、返って[接慰官は]推考の科を申し付けられてしまった。それゆえ如何様な事も、もう注進は罷り成らぬとなっていた。そのような処に思いも寄らず、旧冬、巡察使が東莱へ廻られた事があった。その節、御使者が入館のままにある事情を御聞きになられ、もっともに思われ、具に巡察使から[この事について]報告を上げると、そのようにお話しをして下さった。また東莱府使からも注進を申し上げる様にと、そのような御差図まであった。それゆえ[都へ]委細を注進して置いた。返答がどのような文言で罷り下って来るかは知らないが、兎も角も、この返答が無くては叶わぬ事になった。この返答を[御使者は]御待ちに成って頂きたい。そのような[東莱府使からの]返答があり、

(상경)할 때 [조정에] 말씀드렸으나, 오히려 [접위관은] 추고의 벌을 명받고 말았다. 그렇기 때문에 어떠한 일도 다시는 주진할 수 없게 되었다. 그러한 때 뜻하지 않게 지난 겨울에 순찰사가 동래를 둘러보신 일이 있었다. 그때 사자가 여전히 입관 중인 사정을 들으시고 당연하다고 생각하시고, 순찰사가 자세히 [이 일에 대해] 보고드린다고 그렇게 말씀해 주셨다. 또 동래부사도 주진을 올리도록 하라고 그러

한 지시도 있었다. 그렇기 때문에 [도성에] 자세한 것을 주진해 두었다. 반답이 어떤 문언으로 내려올지는 모르지만, 어쨌든 이 반답이 없어서는 안 되는 일이 되었다. 이 반답을 [사자는] 기다려 주었으면 한다. 그와 같은 [동래부사의] 반답이 있어

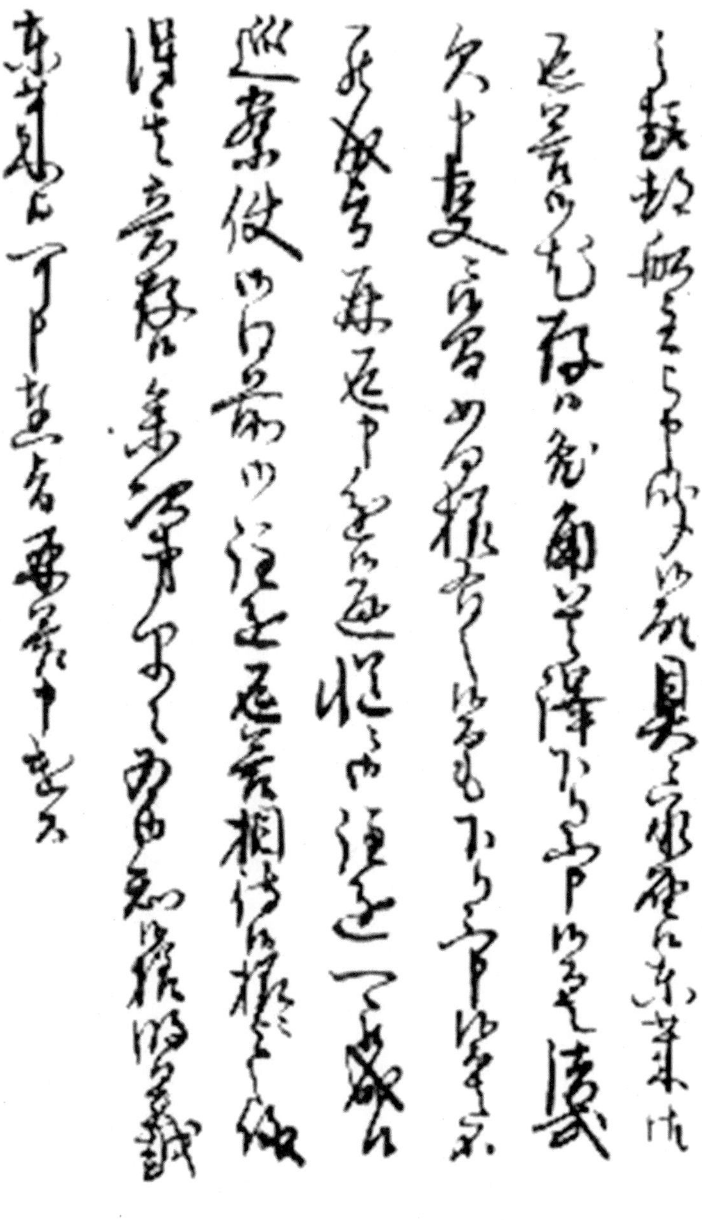

之趣都船主被申聞候故具ニ承届候東莱御返答御尤存候兎角首訳下り不申候而者法式欠申事ニ候間如何様有之候而も下り不申候而者不罷成旨再返申進候通慥ニ御注進可被成候巡察使御同前御注進返答相待候様ニ与之儀得其意存候参次第早々為御知候様明日罷越東莱江可申達旨再答申遣ス

その趣旨を都船主は[訓導と別差から]聞き、具に承った。東莱府使の御返答は、いかにも尤もに思う次第である。兎も角も首訳が[当地へ]下って来なくては[交渉の]法式に欠けるところがある。どのような理由が有ろうと、首訳が下って来なくては話しにならない。このような趣旨を再度返答しておいた。[そして、さらに附言した事は]申し進めた通り[首訳が罷り下るよう]確かに御注進をして頂きたい。また巡察使と同様に[返簡についても、また]御注進をして頂きたい。その返答を待つようにとの御意見については、こちらも同意するところである。[返翰が]参り次第、早々に[こちらに]御知らせをして頂きたい。[こちらからすれば]そのような事を、明日にも罷り越し、東莱府使へ[直接]申し伝えたいばかりであると、その旨の再度の返答を[訓導と別差とに]申し遣わした。

그 취지를 도선주는 [훈도와 별차에게] 듣고 자세히 알았다. 동래부사의 반답은 참으로 당연하다고 생각하는 바이다. 어쨌든 수역이 [당지에] 내려오지 않으면 [교섭의] 법식에 벗어난 점이 있다. 어떠한 이유가 있든 수역이 내려오지 않으면 이야기가 되지 않는다. 이러한 취지를 다시 반답해 두었다. [그리고 다시 부언한 것은] 말씀드린 대로

[수역이 내려오도록] 분명히 주진해 주었으면 한다. 또 순찰사와 마찬가지로 [반한에 대해서도 또] 주진해 주었으면 한다. 그 반답을 기다리도록 하라는 의견에 대해서는 이쪽도 동의하는 바이다. [반한이] 오는 대로 서둘러 [이쪽에] 알려주었으면 한다. [이쪽으로서는] 그러한 일을 내일이라도 찾아가, 동래부사에게 [직접] 말하고 싶을 뿐이라고, 그런 뜻을 전하는 반답을 재차 [훈도와 별차에게] 말해 보냈다.

三月廿八日東萊府使ゟ　別[illegible]別ニ[illegible]申来

[illegible]返翰之[illegible]ニ而[illegible]

[illegible]返翰[illegible]式返翰仕[illegible]

[illegible]之中[illegible]切[illegible]申来其上　文言を

[illegible]事ニ東萊府使ニ[illegible]何之

[illegible]入[illegible]一向[illegible]

[illegible]難成[illegible]付[illegible]東萊府使[illegible]申来付

[illegible]判事[illegible]

(32-05)

〃三月廿八日東莱より訓導別差を以申来候者持渡り返簡之儀被差下候様ニ与致注進候都より之返答漸参候而此返答仕儀決而不罷成与申切候而申来其上不入致注進候与之事ニ而東莱江科被申付候何共難申入候得共可差控様無之致迷惑候余ニ難儀ニ存候付都より東莱江申来候書付見せ候由ニ而両判事致持参候被仰聞候趣

(32-05)

〃三月二十八日、東莱府使から訓導別差を以て[次のように]申し伝えて来た。持ち渡りの[書簡に対する]返翰が差し下される様に注進をしていた。ようやく都から返答が参った。[その返答というのは厳しいもので、もはや]返翰を差し下す事は決して罷り成らぬことであると、そのように断言しての申し伝えがあった。その上[以前の返翰は封をしたままの]不入という状態にある書簡で[もはや再度の修正は行わないという意味の書簡である。]それを、なおも注進致したので、東莱府使へは科が申し付けられる。[このように申し伝えて来た。]何とも[これは言いようが無い。都へ注進を]申し入れることは実に難しいものである。しかし[諸事情を考えれば、この注進は]差し控える様な事では無く[当然なされなければならないものであった。だがこのような結果に至り、こちらも、まことに]迷惑を致している。ただ余りに難儀な事と思うので、都から東莱へ来たこの書付けを[御使者にも]お見せするとの事で、これを両判事が持参して来た。[そこでこちらの返答は]お話し下さった御趣旨は

(32-05)

〃3월 28일에 동래부사가 훈도별차를 보내 [다음과 같이] 전해 왔다. 가지고 온 [서간에 대한] 반한이 내려오도록 주진했었다. 겨우 도성에서 반답이 왔다. [그 반답이라는 것은 엄중한 것으로, 이미] 반한을 내려보내는 일은 결코 할 수 없는 일이라고, 그렇게 단언한 전언이 있었다. 게다가 [이전의 반한은 봉한 채로] 불입상태에 있는 서간으로 [다시 수정하지 않겠다는 의미의 서간이다.] 그것을 또다시 주진했기 때문에 동래부사에게 죄를 과했다. [이렇게 전해 왔다.] 무엇이라고 [이것은 설명할 수가 없다. 도성에 주진을] 올리는 일은 참으로 어려운 일이다. 그러나 [여러 사정을 생각하면 이 주진은] 삼가할 일이 아니라 [당연히 하지 않으면 안 되는 일이었다. 그러나 이러한 결과에 이르러 이쪽도 참으로] 당황하고 있다. 다만 너무나 어려운 일이라고 생각하기 때문에, 도성에서 동래에 온 이 서부를 [사자에게도] 보이기 위해 이것을 양판사가 지참해 왔다. [그래서 이쪽 반답은] 말씀해 주신 취지는

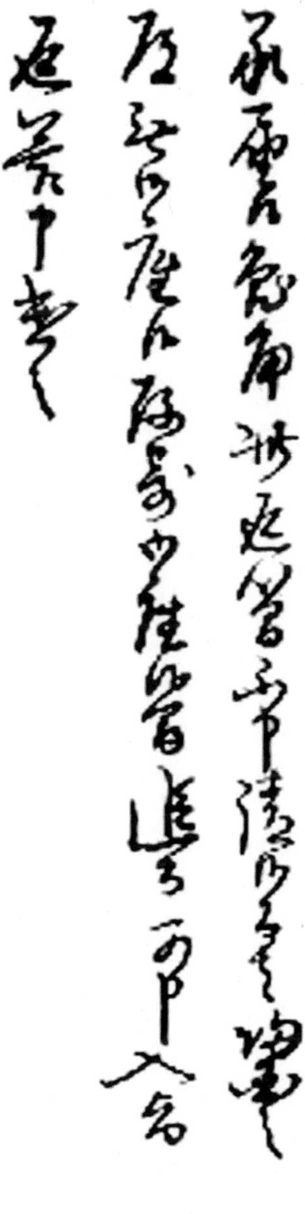

承届候兎角此返簡不申請候而者帰国之道無御座候存寄御座候間追而可申入旨返答申遣之

承った。兎も角も、この度の返翰を申し請けなくては帰国の道は無かった。思う所が有るので、追ってまた申し入れをする。そのような旨の返答を[訓導と別差とに]申し伝えた。

알았다. 어쨌든 이번 반한을 받지 않으면 귀국할 길이 없다. 생각하는 바가 있어 즉시 다시 요구를 한다. 그 같은 내용의 반답을 [훈도와 별차에게] 전했다.

註１、二番目の地位にある方

左議政の朴世采のことである。朴世采は病気がちであった。「病身にて進参できず」と『承政院日記』粛宗二十年十一月十八日条にある。その後、十一月二十五日、辞して帰郷する。『粛宗実録』粛宗二十年十二月条には「二十七日、左議政朴世采、郷に在りて病重し。王、医を遣し、往視せしむ」とある。そして翌粛宗二十一年二月条に「五日、左議政朴世采卒す」とある。その後任となったのは、吏曹判書から右議政となって間もない柳尚運である。柳尚運は、やがて南九万の後任として、領議政の地位に就いていく。

박세채

좌의정 박세채를 말한다. 박세채는 병이 잦았다. [병든 몸으로 진참하지 못하여]라고 『승정원일기』 숙종 20년 11월 18일조에 나와 있다. 그 후 11월 25일에 사직하고 귀향한다. 『숙종실록』 숙종 20년 12월조에는 「27일, 좌의정 박세채, 고향에 있으며 중병이다. 왕이 의사를 보내 진찰하게 했다」라고 되어 있다. 그리고 다음 숙종 21년 2월조에 「5일, 좌의정 박세체 졸하다」라고 되어 있다. 그 후임이 된 것은 이조판서에서 우의정이 되어 얼마 지나지 않은 유상운이다. 유상운은 이윽고 남구만의 후임으로 영의정 자리에 올랐다.

註２、三番目の地位にある方

右議政の尹趾完のことである。尹趾完は粛宗二十年の八月から頻りに辞意を述べている。九月、十月、十一月と、もう毎日のように「尹趾完、五十九度、呈辞」「尹趾完、六十度、呈辞」「尹趾完、六十一度、呈辞」などの記事が『承政院日記』に載る。彼は党論の争いに疲弊していた。だが有能な彼は、なかなかその辞意を王に認めてもらえなかった。『承政院日記』粛宗二十年十二月二十日条に「右議政尹趾完、七十九度、呈辞」の記事がある。ここに言う都合七十三度を越え、さらなる辞意表明によって、ようやく、その地位を去ることができた。『粛宗実録』粛宗二十年十二月条に「二十日、右議政尹趾完、引告七十九上に至り、始めて許免す」とある。その後任は吏曹判書の柳尚運である。だが柳尚運は翌年、朴世采の後任として左議政の地位に就く。替わって右議政の地位に就いたのは礼曹判書から吏曹判書を歴任した申翼相である。柳尚運が領議政となった粛宗二十二年(元禄九年)八月、左議政は尹趾善(尹趾完の兄)、右議政は徐文重である。

윤지완

우의정 윤지완을 말한다. 윤지완은 숙종 20년 8월부터 자주 사의를 표하고 있다. 9월, 10월, 11월 매월 같이 「윤지완 59도 정사」, 「윤지완 60도 정사」, 「윤지완 61도 정사」등의 기사가 『승정원일기』에 있다. 숙종 20년 12월 20조에 「우의정 윤지완 79도 정사」의 기사가 있다. 여기서 말하는 도합 73회를 넘게 그러한 사의를 표하여, 결국 그 지위를 떠날 수 있었다. 『숙종실록』 숙종 20년 12월조에 「20일, 우의정 윤지완, 인고 79회에 이르러 비로소 면허했다」라고 있다. 그 후임은 이조판서의 유상운이다. 그러나 유상운은 다음해 박세채의 후임으로 좌의정에 올랐다. 대신 우의정 자리에 오른 것은 예조판서에서 이조판서를 역임한 신익상이었다. 유상운이 영의정이 된 숙종 22년(원록

9년) 8월, 좌의정은 윤지선(윤지완의 형), 우의정은 서문종이었다.

註３、彼方(江戸)で承った

安竜福と朴於屯は、帰国後の取り調べの中で、鳥取から江戸へ連れて行かれ、その後、長崎に回送になったと証言した。その江戸に居る時、召し捕りを行った日本人が成敗に遭った事を伝えた。そして長崎からは、対馬を介し朝鮮へと送り返された。だが実際には、二人は江戸に行っていない。それは二人の錯覚である。

안용복의 에도행

안용복과 박어둔은 귀국 후의 취조에서 돗토리에서 에도로 끌려간 후 나가사키로 회송되었다고 증언했다. 그리고 에도에 있을 때 납치를 행한 일본인이 벌을 받았다고 전했다. 그리고 나가사키에서는 쓰시마를 통해 조선으로 송환되었다. 그러나 실제로는 두 사람은 에도에 가지 않았다. 이것은 착각이다.

○同八年正月　天龍院公昌言之名在て

無程一行栄ニ任付郷ニ裁判之儀

八右衛門義　陶山庄右衛門阿比留惣兵衛ニ令

無程清書並延曽右衛門罷下審也

取番細ニ任合朝鮮之事御無是非

中議之疑問ニ付其某ニ遣シ彼方返書

着以後上無程御状之趣何様ニ任御座

【大綱三三段(元祿八年五月①)】

(33-00)

○ 同八年五月 天竜院公思召之旨在之与左衛門一行帰国被仰付依之裁判高勢八右衛門并陶山庄右衛門阿比留惣兵衛三人江与左衛門請取置候返簡之内御不審有之所委細被仰含朝鮮江被差渡与左衛門申談之疑問之書付東莱江遣之彼方返答承り候上与左衛門儀令帰国候様ニ被仰渡也

【大綱三三段(元祿八年五月①)】

(33-00)

○ 同八年五月、天竜院公(宗義真)から、そのお考えの御趣旨が示され、与左衛門一行に帰国が命じられた。その御趣旨に依れば、裁判の高勢八右衛門ならびに陶山庄右衛門そして阿比留惣兵衛の三人へ、与左衛門が受け取り置いた返翰の内、不審の有る所を委細に検討させ、その問題点を摘記させた。[彼ら三人は]朝鮮へ差し渡されることになった。与左衛門と相談をし、この疑問の書付を東莱へ遣わすようにとの事である。あちらの返答を承った上で、与左衛門を帰国させるようにと[そのような天竜院公の]御命令であった。

【대강 33단(원록 8년 5월 ①)】

(33-00)

○ 동 8년 5월에 텐류우인공(소우 요시자네)이 그가 생각하는 취지를 말하여 요자에몬 일행에게 명하셨다. 그 취지에 의하면 재판 타카세 하치에몬 및 스야마 쇼우에몬, 그리고 아비루 소우베에 3인에게 요자에몬이 받아둔 반한 중, 이상한 곳을 자세히 검토하게 하여 그 문제점을 기술하게 했다. [그들 3인은] 조선에 파견되었다. 요자에몬과 상담하여 그 의문의 서부를 동래에 보내도록 하라는 것이다. 저쪽의 반답을 받은 후, 요자에몬을 귀국시키라는 [그러한 텐류우인공의] 명령이었다.

一 此度疑問之書差出し候ハ第一ニ元来
朝鮮国明白ニ日本人七八十年来蔚陵嶋ニ
罷越漁猟仕候事を存知なからの事ニ候、今之
経ニ而日本人境を越候而蔚陵嶋ニ罷越漁
候と申事を不申中渡候之元来彼国へ
不申候哉竹嶋一件之事起り候由
彼方之疑神之ものとなるへき筋ニ付

(33-01)

〃此度疑問之書を被送候次第者元来朝鮮国明白ニ日本人七八十年来蔚陵嶋江罷越漁いたし候事を存知なから只今迄終ニ日本人境を越候而蔚陵嶋江罷越候与申事を不申聞置儀元来彼国之不吟味ニ候故竹嶋一件之事起り候節彼方より最初ニ者主なき嶋之様ニ申

(33-01)

〃この度、疑問の書を送る理由は[次のようなことからである。すなわち]元来、朝鮮国は日本人が七、八十年来、蔚陵嶋へ罷り越し漁を致していた事を、明白に承知していた。知っていながら、只今まで、ついに日本人が境域を越し蔚陵嶋へ渡ったと言う事を[咎める事も無く、それをこちらに一切]告げて来なかった。そのような事は、そもそもから言えば、彼の国の[島に対する]調査探索の怠慢からである。それゆえ竹嶋一件の事態が起こったのである。そのような折、あちらからは最初、主なき島の様に

(33-01)

〃이번에 의문서를 보내는 이유는 [다음과 같은 일 때문이다. 즉] 원래 조선국은 일본인이 7, 80년간 울릉도에서 어렵을 행하고 있었던 사실을 명백히 알고 있었다. 알고 있으면서 지금까지 일본인이 경역을 넘어 울릉도에 건넌 일을 [책망하는 일 없이, 그것을 이쪽에 일체] 알려 오지 않았다. 그러한 일은 처음부터 그 나라의 [섬에 대한] 조사탐색의 태만이었다. 그렇기 때문에 죽도일

건의 사태가 일어난 것이다. 그러할 때 저쪽은 처음에는 주인이 없는 섬처럼

歟之島之島名我國之蔚陵島之
事ニ候得共前後不致合事ニ候故朝鮮
之者共申候所出候ハ蔚陵島之元来
我國之島ニ候得共七八十年不被住候処
他國之人漁之為来候ても不存候故
出来候儀此島ハ元来我國之地ニ而
證據慥ニ候へ共是等之儀其書来候由

成し置後ニ至急度我国之蔚陵嶋与被申候段前後不都合之事ニ候然者朝鮮より其節先可被申出候ハ蔚陵嶋者元来我国之嶋ニ候得共七八十年不吟味ニ仕置他国之人漁ニ参り候をも不存段不念之至ニ候併此嶋ハ元来我国之土地与申証拠是々之訳ニ候与其由来を申立

扱って置き、後になって確かに我が国の蔚陵嶋であると、そのように申して来た。そのような発言は、前後の[脈絡が合わず、いかにも]不都合である。そうであるならば朝鮮から、このような時に先ず申し出るべき事は、蔚陵嶋は元来我が国の島であったが、七、八十年、島の調査に怠慢があり、他国の人が漁に参っていたことを知らなかった。[まことに迂闊で]思わぬ事であったと[わびるべきである。]併せて、この島は元来が我が国の土地である。その証拠は是々の訳であると、その由来を申し立て、

취급하고 있다가, 후에서야 분명히 우리나라의 울릉도라고 그렇게 말해 왔다. 그 같은 발언은 앞뒤의 [맥락이 맞지 않아, 참으로] 이치에 맞지 않는다. 그렇다면 조선에서 이러할 때 먼저 말해야 하는 것은 울릉도는 원래 우리나라의 섬이었으나 7, 80년 섬에 대한 조사를 태만히 하여 타국인이 어렵하는 것을 알지 못했다. [참으로 어리석고] 생각지 못한 일이었다라고 [사과해야 한다.] 아울러 이 섬은 원래 우리나라의 국토이다. 그 증거는 이러한 이유라고 그 유래를 주장하고,

此節境を正し 後来本邦人
蔚陵島江渡海之儀を令禁制候
彼方之無用之地を争候ては両国和好を
失ひ候事ニ候得ハ 被止候也
儀ニ付 右之人日本人境を犯し渡海
蔚陵島之儀ニ付申遣候 此方より相禁
有之候処 八十年来安念にいたし候

此節境を正しく致度候間以来日本人蔚陵嶋江漁ニ参候事を被禁被下候様ニ与彼方より懇情可被致事ニ候所最初ニ者主なき嶋之様ニ申置使者再度ニ至俄ニ申分をかへ日本人境を犯し我国之蔚陵嶋江参候与専ラ此方を咎め無礼なる申分ニ而者八十年来無念ニいたし被置候

その上で、この際、境域を正しく致したいと申し出るべきである。[境域の確定]以後は、日本人が蔚陵嶋へ漁に参る事を禁じて頂きたいと、あちらから懇情を以て申し出るべきである。そのような事であるのに、最初には主なき島の様に言い置いて、使者が再度、渡海に至れば、にわかに言い分を変え、日本人は境域を犯して我が国の蔚陵嶋へ参ったと、もっぱらこちらを咎め立てする。これは無礼な申し分である。八十年来、迂闊にも放置していた島

그런 후에 이 기회에 경역을 바르게 잡고 싶다고 주장해야 한다. [경역을 확정한] 이후에는 일본인의 울릉도 어렵을 금지해야 한다고, 저쪽에서 간청해야 할 일이다. 그러한 일인데도 처음에는 주인없는 섬처럼 말했다가 사자가 다시 도해하자, 갑자기 말을 바꾸어 일본인이 경역을 침범하여 우리나라 울릉도에 왔다고, 한결같이 이쪽을 질책하고 있다. 이것은 무례한 이야기이다. 80년이래 방심하고 방치해 두었던 섬

爾今も欝陵島江罷越候由相聞候
二付而を欝陵島と申候所之此方
之人参ニ而有之弥与事詮リ無御座候
様存候処ニ其内押領被成候
如く文字を以相違候ニ付而御
之此方不相違之

所を毛頭自ら咎る之意不相見候故其所を疑問を以被仰断元来彼方無念ニ有之所より事起り候段思ひ当られ再度之返簡之内犯越侵渉欠誠信等之文字を被相除候様ニ可被成与議論ニ而此段被仰達也

である事を[あちらは]毛頭[省みる事が無い。そして]自らを咎める意思も見えない。それゆえ、その点を[こちらが]疑問を以て指摘するのである。元来が、あちらの[管理不行き届き、すなわち]怠慢から起った事であり、その事に思いを致し、再度の返翰の内から、犯越、侵渉、欠誠信など[無礼な]文字を、除去なさるべきである。このような議論が[国元で]あったので、この事を[裁判を介し正官に]申し伝えるものである。

(섬)이라는 것을 [저쪽은] 조금도 [반성하고 있지 않다. 그리고] 스스로를 질책할 의사도 없다. 그렇기 때문에 그 점을 [이쪽에서] 의문점으로 지적하는 것이다. 원래 저쪽이 [관리하지 않아, 즉] 태만해서 일어난 일로 그것을 생각하고 두 번째 반한에서 침월, 침섭, 결성신 등 [무례한] 문자를 사용했는데 제거해야 한다. 이 같은 논의가 [본국에서] 있었기 때문에 이 일을 [재판을 통해 정관에게] 전달하는 것이다.

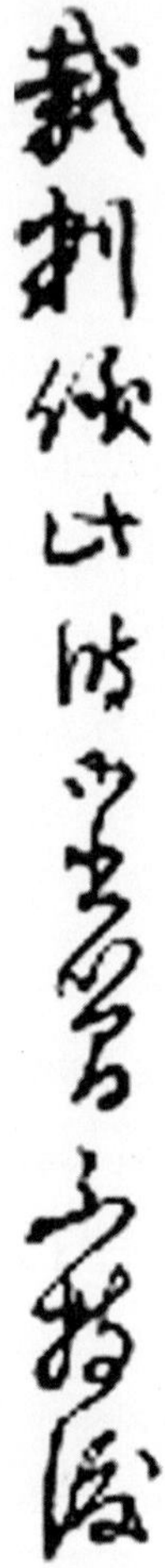

〃裁判儀此時御書簡不持渡

〃裁判はこの時、この御書簡を持たず[口答にて伝える事で、朝鮮の地へ]渡った。

〃재판은 이때, 이 서간을 소지하지 않고 [구답으로 전하기로 하고 조선으로] 건너왔다.

(33-02)

〃高勢八右衛門江御渡被成候御書付左記之

(33-02)

〃高勢八右衛門へ御渡しに成られた御書付を左に記す。

(33-02)

〃타카세 하치에몬에게 건네주신 서부를 아래에 기록한다.

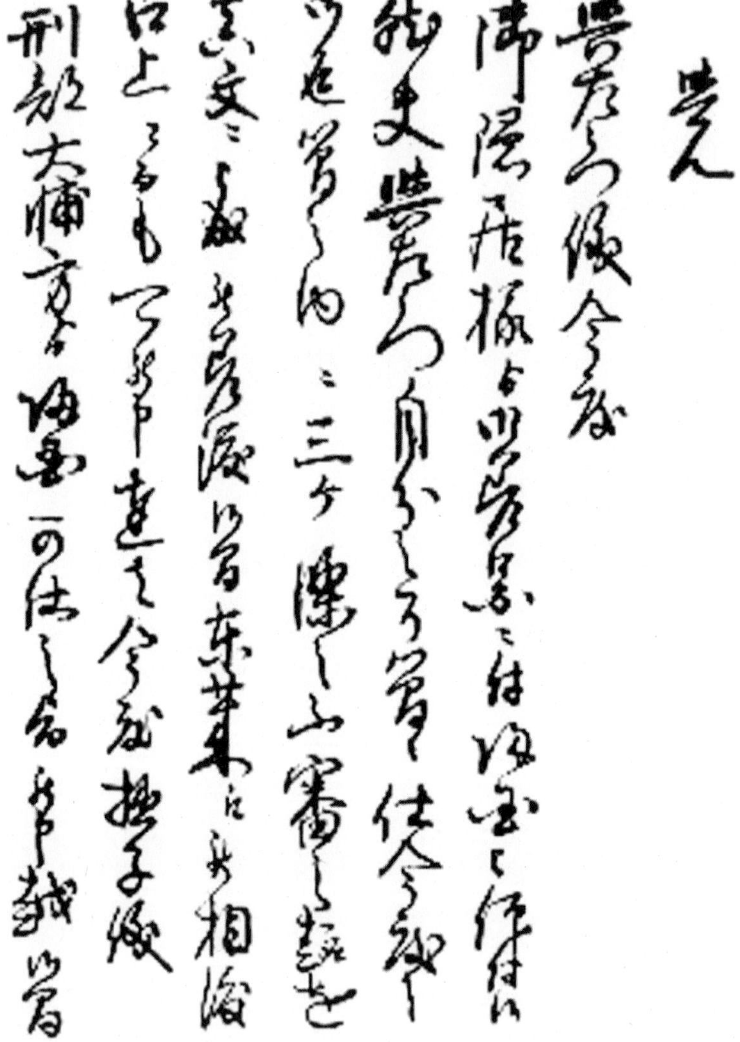

覚

一、与左衛門儀今度　御隠居様より御差図ニ付帰国被仰付候就夫与左衛門自分之了簡ニ仕今度之御返簡之内ニ三ヶ条之不審之趣を真文ニ被成被差渡候間東莱江被相渡口上ニ而も可被申達者今度拙子儀刑部大輔方より帰国可仕之旨被申越候間

覚

一、与左衛門は今度、御隠居様からの御差図により、帰国を仰せ付けられた。それに就いて与左衛門は、自分の考え[を申し述べた。]今度の御返簡の内に、三箇条の不審の点があるという。その趣旨を真文に記し[あちらに]差し渡したならば、それが東莱府使へ渡され、口上にても申し伝えられることになる。[その結果を見てから帰国をしたいという。その申し入れとは]今度、拙者は刑部大輔(宗義真)方から帰国するよう申し渡された。

각

1. 요자에몬은 이번에 은거하신 분의 지시로 귀국을 명받았다. 그것에 대해 요자에몬은 자신의 생각[을 말씀드렸다.] 이번 반한 속에 3개조의 이상한 점이 있다고 한다. 그 취지를 한문으로 기록하여 [저쪽에] 전달했다면, 그것이 동래부사에게 전해져 구상으로라도 전해질 것이다. [그 결과를 보고나서 귀국하고 싶다 한다. 그 요구라는 것은] 이번에 졸자는 교우부 타유우(소우 요시자네)로부터 귀국하라는 명을 받았다.

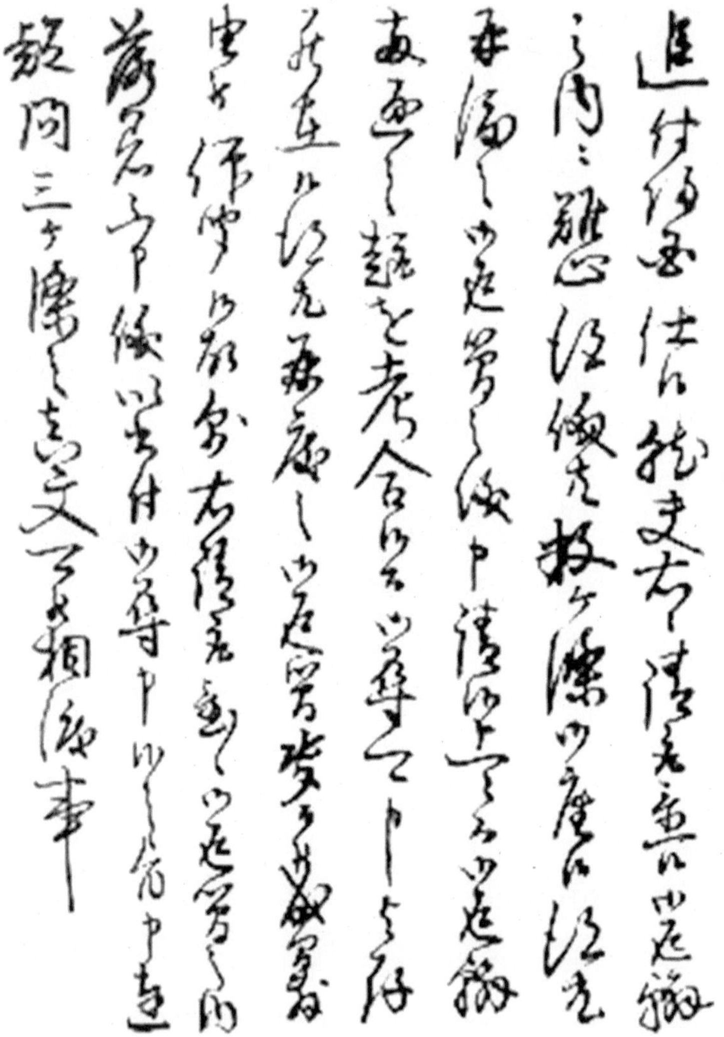

追付帰国仕候就夫右ニ請取置候御返翰之内ニ難心得儀共数ヶ条御座候得共再渡之御返簡之儀申請候上ニ而御返翰両通之趣を考合候而御尋可申与存罷在候得共再度之御返簡決而被成間敷由被仰聞候故則右請取置候御返簡之内落着不申儀以書付御尋申候之旨申達疑問三ヶ条之真文可被相渡事

それゆえ追っ付け帰国することになる。それに就いて[いささか考える所があり、帰国前に少しばかり申し述べて置きたいことがある。すなわち]受け取った御返翰の内には[こちらにとって]心得難い事が記されていた。それが数箇条ほども有る。そして再度の渡海で、そちらに御渡しした書簡がある。これに対し、またこちらは御返翰を要求していた。その御返翰を申し受けた上で、これら両通りの御返翰を改めて拝読し、その趣旨を考え合せ、御尋ねをしようと思っていた。だが再度渡海の書簡に対しては、もう決して御返翰は成されないと、そのようにお聞かせを頂いた。そこで右の受け取り置いた御返翰の内[心得難く思い、そのままでは]落着しない部分を、書付にして御尋ねすることにした。このような趣旨を[あちらに]伝え、その疑問三箇条の真文を渡すべきであると「このような申し出が多田与左衛門からあった。」

그래서 곧 귀국하게 된다. 그것에 대해 [약간 생각하는 바가 있어, 귀국하기 전에 조금 말해두고 싶은 것이 있다. 즉] 수취한 서한 안에는 [이쪽에서] 이해하기 어려운 일이 기록되어 있다. 그것이 수 개조 정도 있다. 그리고 재도해하여 그쪽에 건넨 서간이 있다. 이것에 대해 또 반한을 요구하고 있다. 그 반한을 받은 후, 이 두 통의 반한을 다시 배독하고 그 취지를 비교하여 질문하려고 생각하고 있었다. 그러나 재도해할 때의 서간에 대해서는 결코 반한할 수 없다고, 그렇게 말하는 것을 들었다. 그래서 위의 수취해 두었던 반한 속에 [이해하기 어렵다고 생각하고, 그대로는] 해결되지 않는 부분을 서부로 질문하기로 했다. 이 같은 취지를 [저쪽에] 전하여, 그 의문 3개조의 문장을 양도해야 한다고 [이러한 요구가 타다 요자에몬으로부터 있었다.]

右之趣儀ニ堪候ニ付奉行も可有之候間
大築都之進事ニ付穆ハ仕返吏
而条附候又ハ譬なら方ニ而早速ハ
於ニも申達ニ相刑部大輔方ゟ様子候
御座仕候様ニと申付候御座仕付る
様子清水南屋留之儀以後も入候殿
之内難懸候事を以樣可申候と清之

一、右之趣俄ニ埒明不申事も可有之候間大既等都江之往来之日数積り仕返事可参時分ニ又々与左衛門方より可被申達ハ右ニも申達候様　刑部大輔方より拙子儀帰国仕候様ニ与被申付候故帰国仕候付而拙子請取置候返簡之儀ニ候得者御紙面之内難心得事を御尋不申候而請取

一、右趣旨[の申し出に対し、あちらからの回答]は直ぐには[こちらに参らない。それゆえ、直ぐの]決着には到らない。[ともあれ]都へ使いが往来する日数を、おおよそ心積りして置き、返事が参る時分に、又々与左衛門の方から[催促を]申し掛けるのが良いであろう。右にも申した様に[その申し掛けは次のように行うのが良いであろう。すなわち]刑部大輔方から拙者は帰国をする様に申し付けられている。その帰国に際し、拙者が取り[扱い預かり]置いていた御返翰の事であるが、その御紙面の内には[こちらにとって]心得難い事が記されていた。これが[いかなる事情の下にあるか、その理由を]御尋ねし、その返事を受け取った上で、

1. 위의 취지[에 대한 저쪽의 회답]은 바로는 [이쪽에 오지 않는다. 그렇기 때문에 곧바로] 해결되지 않는다. [어쨌든] 도성에 사자가 왕래하는 일수를 대략 마음으로 계산해 두고, 답이 올 시기에 또 다시 요자에몬 쪽에서 [재촉]하는 것이 좋을 것이다. 위에서도 말씀드렸듯이 [그 요구는 다음과 같이 행하는 것이 좋을 것이다. 즉] 교우부 타유우 쪽에서 졸자가 귀국할 것을 명하셨다. 귀국에

임하여 졸자가 [맡아] 두었던 반한의 일인데, 그 지면 중에는 [이쪽에서는] 이해하기 어려운 일이 기록되어 있다. 이것이 [어떠한 사정 하에 있는가, 그 이유를] 물어서 그 답을 받은 후에

候而可仕様も無之儀ニ候故此書付申達
候此元未迄事ニ而帰帆ニ付御挨拶之儀
候而仕候様之主人ニ而無御座付候ハヽ其儀
遅留難仕ニ付拙子儀も空手帰国
仕候我吏へ申律候様難題候而御座候
候依之請取候而候へハ万一刑部大輔
右之三ケ條之内難成候ハヽ名前相尋候而
申分ヶ之一分も立不申儀ニ御座候則右
請書奉呈候返答之時ハ別紙之様之

帰国可仕様も無之儀ニ候故以書付申達候得共未御返事不被仰聞候然者拙子儀帰国仕候様ニ与主人より被申付候を緩々逗留難仕ニ付拙子儀者最早帰国仕候就夫段々申伸候趣難心得御紙面ニ候得者請取帰国候而万一従　刑部大輔右之三ヶ条之内難心得之旨被相尋候而ハ申分ケ之一分茂不相立儀ニ御座候故則右請取置候御返簡者訓導別差ニ封之印

帰国をしようと思っていた。だが[この御尋ねに対し]返事が参る事は無いという。それゆえ[疑問の箇所を]書付けを以て[さらに]申し伝える事にした。だが未だその御返事も聞かされていない。そうではあるが、拙者は[直ぐにも]帰国するようにと、主人から申し付けられている。今や緩々と逗留を続けることなど難しい。拙者は最早、帰国を命じられており、そのような事に就いて[さらに]色々と申し述べ[そちらと遣り取りする時間的余裕は無い。だが受け取った御返翰の]趣旨については、なお心得難い御紙面も有るので、これを受け取ることはできない。帰国し、万一にも[主人の]刑部大輔から、右の疑問三箇条の内[その一つ一つについて]心得難い事であるが[いかなる事であるのかと]そのように趣旨を尋ねられても[今の段階では、全く説明が出来ない。]申し上げようにも[そちらからの回答が無いゆえ]その一分たりとも語ることができない。それゆえ[受け取り、本国へ持ち帰る事ができないのである。]右に受け取り預かり置いた御返翰は[そちらの]訓導と別差とに封の印を

귀국하려고 생각하고 있다. 그러나 [이 질문에 대한] 답이 오는 일은 없다 한다. 그렇기 때문에 [의문의 곳을] 서부로 해서 [다시] 전하기로 했다. 그러나 아직까지 그 답도 듣지 못했다. 그렇지만 졸자는 [지금이라도] 귀국하라는 주인의 명을 받고 있다. 이제 느긋이 두류를 계속하는 일은 어렵다. 졸자는 이미 귀국을 명받고 있어, 그러한 일에 대해 [다시] 여러 가지를 이야기하여 [그쪽과 주고받을 시간적 여유가 없다. 그러나 수취한 서간의] 취지에 대해서는 아직도 이해할 수 없는 지면도 있어 이를 수취할 수는 없다. 귀국하여 만일이라도 [주인] 교우부 타유우가 위의 의문 3개소 중 [그 하나하나에 대해] 이해하기 어려운데 [어떻게 된 일인가라고] 그렇게 취지를 질문받아도 [현 단계에서는 전혀 설명할 수 없다.] 설명하려 해도 [그쪽의 회답이 없기 때문에] 그 일부라도 이야기할 수 없다. 그렇기 때문에 [수취하여 본국으로 가지고 갈 수 없는 것이다.] 위에 받아두었던 반한은 [그쪽의] 훈도와 별차에게 봉인을

右御鑓儀ニ而御無用ニ候得共、重而被仰付
別段之御用之節ニても御請仕候、又右少延引
請者少事ニ者無之候而、年来難儀ニ付迷惑ニ奉存
とも請迷申候、此一件被為仰仕
も延引候とも　請負申候様仕度候
扱合仕度ニ而御座候少々難儀ニ存候とも　一節情精も
無之儀ニ少々候別而難儀ニ付迷惑至極
仕候旨申上候、何卒被仰付可被仕度

為押館守江渡置候間兎角者重而此儀ニ付別使罷渡候節可被仰談候且又右御返簡請取候節去々年去年両度分之御馳走をも請置申候得共此一件落着不仕御返簡をも請取不申帰国仕候上者使者都合不仕事ニ候故御馳走をも可申談様も無之儀ニ候条則両度分之御馳走も返進仕候旨申達帰国被仕候様ニ可被仕事

押させ、館守へ渡し[この朝鮮の地に預け]置くことにする。兎も角も[この件に関しては]重ねて[なお引き続き交渉を行うべきもので]この事に付いては、また[改めて]別の使者が派遣されるべきである。[その別の使者が]渡海した折[この話し合いの続きを、また]議論なさるのがよいであろう。且つ又、右の御返翰を請け取った折、去々年と去年の両度分の御馳走を受け取ったが[よく考えて見れば]この一件は落着しておらず、まだ残る御返翰も受け取っていない。そのような段階で帰国をするという事は、使者としての役割を果たしたことにはならない。それゆえ[使者たるの報酬として]御馳走を受ける事など[到底]有り得ない事である。則ち両度分の御馳走を[この際]お返ししようと思う。そのような趣旨を[あちらに]申し伝え[その上で]帰国なされるようにされたい。

찍게 하여, 관수에게 양도해 [이 조선 땅에 맡겨] 두기로 한다. 어쨌든 [이 건에 관해서는] 거듭 [계속해서 교섭을 해야 하는 것으로] 이 일에 대해서는 또[다시] 다른 사자가 파견될 것이다. [그 다른 사자가] 도해했을 때 [이 대화를 계속하여, 다시] 논의하시는 것이 좋을 것이다. 또 위의 반한을 수취했을 때, 재작년과 작년 두 번은 어치주를 수취했으나 [잘 생각해보면] 이 일건은 낙착되지 않아, 아직 남은 반한도 받지 않고 있다. 그러한 단계에서 귀국한다는 것은 사자로서의 역할을 수행한 것이 되지 못한다. 그렇기 때문에 [사자에 대한 보수라는] 어치주를 받는 일은 [도저히] 있을 수 없는 일이다. 즉 두 번의 치주를 [이 참에] 돌려주려고 생각한다. 그 같은 취지를 [저쪽에] 전하고 [그런 후에] 귀국하시도록 하고 싶다.

一 右申候訳官可差渡候、[illegible]東萊府使江
被申候而御[illegible]処
御隠居様追付御帰府[illegible]
御留守ニ訳官差渡候御例も[illegible]
先之例ニ付而も御留守ニ[illegible]年来
對面ニ罷成候 公儀へ[illegible]宜
候ハんと 思召上候様

一、為弔礼訳官可差渡之旨東莱より館守迄被申聞候然処　御隠居様追付御参府被遊御事ニ候へハ御留守ニ訳官差渡候例も無之候縦先例有之候而も御留守ニ罷渡り年寄中対面之首尾　公儀江之聞へ旁不宜儀与被思召上候殊

一、[霊光院公(宗義倫)の御逝去があり]弔礼の為、訳官を[対馬へ]差し渡したいと、東莱府使から館守へ申し出があった。しかしながら、御隠居様は追っ付け御参府遊ばされる御予定である。その御留守の間に[朝鮮から]訳官を差し渡すような例は無い。たとえ先例が有ろうと、御留守の間に渡海があり、年寄連中が対面するような首尾では、公儀への聞こえも、何かと宜しく無い。殊に

1. [레이코우인공(소우 요시쓰구)의 서거가 있어] 조례를 위해 역관을 [쓰시마에] 보내고 싶다고, 동래부사가 관수에게 요구했다. 그러나 은거하신 분은 서둘러 참부하실 예정이다. 그 부재 중에 [조선에서] 역관을 보내는 예는 없었다. 설령 선례가 있다 해도, 공석일 때 도해하여 가신들과 대면하는 것과 같은 상황은 장군이 듣기에도 여러모로 좋지 않다. 특히

御尋被成候ニ付事相解節申出而[illegible]位
存寄申事ニ候ハヽ申出而者差越候ハヽ則請取候て
差留候ニ付其節申早速可被仰付候も相済候様
前々被成館守方ニ而申来候処與左衛門
有之候節館守ニ差遣候得者差留申候而ハ障り
先例も無之候ニ付此段委細申候存知し
度ニ付而前々先例ニ無之候御事

御隠居様御事朝鮮筋御用向被蒙仰たる御事ニ候故御下向被遊候刻訳官可差渡儀ニ候其節弔礼之書簡も相添差渡可然候此儀館守方江申遣候処与左衛門存寄有之而館守返答差留置被申候雖然先例も右之通ニ候此段貴殿存知之事ニ候間弥先例之通可被申渡候事

朝鮮筋の御用向きは、御隠居様が[全てを取り仕切っておられる]事であり[しかも公儀から、その御役目を正式に]任されている事である。それゆえ[江戸へ赴いた後、国元へ]御下向遊ばされる頃に、訳官を差し渡すよう[東莱府使へ伝えるべきである。]その節には、弔礼の書簡も相添えて差し渡すようにと、そのように伝えるべきである。この事を館守方へ申し遣わした処、与左衛門も[このような事情を]よく承知しており、館守から[東莱府使へ]の[承諾の]返答を[もうすでに]差し留めて置いたと、そのような事を申して来た。そうではあるが[弔礼の使者派遣は]先例もあり[全く差し止めるわけにもいかない。]右の通り[の事情があり、御隠居様の御帰国を待って、やはり行われるべきであろう。]この事は貴殿も御存知の事であるので、いよいよ先例の通りに[あちらに伝え、その時期については、また改めて別途]申し伝えをなさるべきである。

조선 관련의 용건은 은거하신 분이 [모두 취급하시는] 일이고 [그것도 장군이 그 역할을 정식으로] 임명한 것이다. 그렇기 때문에 [에도에 간 후, 본국으로] 하향하실 때쯤 역관을 보내도록 하라고 [동래부사에게 전해야 한다.] 그때 조례의 서간도 함께 보내도록 하라고, 그렇게 전해야 한다. 이 일을 관수 쪽에 전하자, 요자에몬도 [이 같은 사정을] 잘 알고 있어, 관수가 [동래부사에게] 보내는 [승낙의] 답을 [이미] 보류해 두었다고, 그 같은 일을 말해 왔다. 그렇지만 [조례의 사자 파견은] 선례도 있어 [모든 것을 금지시킬 수도 없다.] 위와 같은 [사정이 있어 은거하신 분의 귀국을 기다렸다, 역시 행해야 할 것이다.] 이 일은 귀하도 아시는 일로 선례에 따라 [저쪽에 전하여, 그 시기에 대해서는 다시 별도로] 전해 주어야 한다.

一
殿様御家督被成、従御幼少御知行之
御家御座ニ付候處、朝鮮御出陣而
輝元様と之儀、従御感状出候
輝元様御京都被下候御朱印文を
頂戴之通被存候、甚以御京之以御朱印
可有御座候、然ハ被申候又当年右之趣
吉川殿之御家来之相聞候之後見之
志之事ニ而仕様無御座候共事御座候
訓之事別儀を以相残候様可申候

一、殿様御家督被蒙仰候得共御幼少ニ被成御座候付乍当分朝鮮筋御用向 御隠居様江被蒙仰候御通交御印之儀 御隠居様御印替へ可被申候哉又者唯今迄渡り居候彦満之御印を以御通用可被遊候哉此段者彼国之心入次第右之趣古川蔵人被差渡茶礼相済候已後蔵人真案ニ被仕接慰官東莱江貴殿方より訓導別差を以相渡候様可被仕候

一、殿様(宗義方)が御家督を継ぐ事になり[公儀の]お許しを頂いた。だが御幼少であるので、当分の間、朝鮮筋の御用向きは、御隠居様が[担当するようにと、公儀からの]お達しがあった。朝鮮との御通交(通商交易)に用いる御印(送使派遣の折の銅印すなわち図書)の事は[殿様の御印ではなく]御隠居様の御印に替えるべきであろうか、又は唯今まで使用を続けている彦満(宗義真の幼名)の御印(児名送使の勘合印)を以て、今後の御通用をなさるのがよいであろうか。この御通交の事は、彼の国の考え方次第であるが、右の趣旨について古川蔵人を渡海させ[交渉をさせようと思う。]茶礼が済んだ後に、蔵人が真文の案文を[あちらに渡す]手筈になっている。接慰官や東莱府使へは、貴殿の方から訓導や別差を以て[この交渉の円滑な]橋渡しをするよう、なさっていただきたい。

1. 토노사마(소우 요시미치)가 가독을 계승하게 되어 [장군의] 허가를 받았다. 그러나 유소하시기 때문에 당분간, 조선 관련의 용건은 은거하신 분이 [담당하도록 하라는 장군의] 명이 있었다. 조

선과의 통교(통상교역)에 사용하는 어인(송사를 파견할 때의 동인, 즉 ズ쇼)의 일은 [토노사마의 인이 아니라] 은거하신 분의 인으로 대신해야 하는 것인가, 아니면 지금까지 계속 사용해 온 히코미치(소우 요시자네의 유명)의 인(아명 송사의 감합인)으로 금후에도 통용하는 것이 좋은가. 통교의 일은 그 나라 생각에 달려있으나, 위의 취지에 대해 후루카와 쿠란도를 도해시켜 [교섭하게 하려고 한다.] 차례가 끝난 후, 쿠란도가 한문의 사본을 [저쪽에 양도할] 예정이다. 접위관과 동래부사에게는 귀하 쪽에서 훈도와 별차를 통해 [이 교섭의 원활한] 교량 역할을 해주도록 전해 주셨으면 한다.

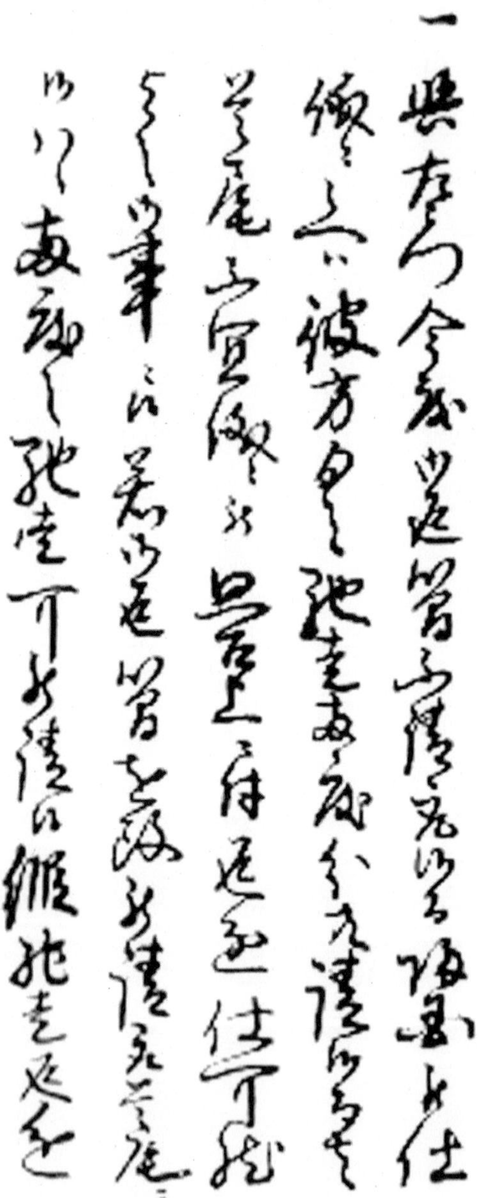

一、与左衛門今度御返簡不請取候而帰国被仕儀ニ候へハ彼方より之馳走両度分共請候而者首尾不宜儀ニ被思召上ニ付返進仕可然与之御事ニ候若御返簡を改被請取首尾ニ候ハヽ両度之馳走可被請候縦馳走返進

一、与左衛門は、今度、御返翰を請け取らぬまま、帰国を命じられた。それゆえ、あちらからの馳走を、両度分共に受け取ってしまっては、首尾宜しくない。そのように[御隠居様は]お考えになっておられる。それゆえ[あちらに]お返しするようにとの御命令である。もしも御返翰を改めて受け取るような首尾に至れば、その両度の馳走は受け取ってもよいと[そのような御意向である。]たとえ馳走を返却しても、

1. 요자에몬은 이번에 반한을 받지 않은 채, 귀국을 명받았다. 그렇기 때문에 저쪽이 주는 치주를 두 번에 걸쳐 모두 수취해 버리면 상황이 좋지 않다. 그렇게 [은거하신 분은] 생각하고 계신다. 그래서 [저쪽에] 돌려주도록 하라는 명령이다. 혹시라도 반한을 수정해 수취하게 되는 상황이 되면, 그 두 번의 치주는 받아도 좋다는 [그러한 의향이시다.] 설령 치주를 돌려주어도

可仕候とも為御心得御知セ申上候 上台

可被下候 よろしく 恐惶謹言

四月廿八日

田嶋十郎兵衛

杉村采女

平田隼人

高勢八右衛門殿

被仕候とも両度之馳走員数之分者　上より被成下与之御事ニ候以上

四月廿八日　　田嶋十郎兵衛

杉村采女

平田隼人

高勢八右衛門殿

この両度の馳走に関わった人員には、その数の仕事分について、上役からそれぞれ支給があるとの御事であった。以上である。

四月二十八日　　田嶋十郎兵衛

杉村采女

平田隼人

高勢八右衛門殿

이 두 번의 치주에 관계한 인원에게는 그 인수가 일한 것에 대해, 위에서 각각 지급이 있다고 한다. 이상이다.

4월 28일　　타지마 쥬우로우베에

스기무라 우네메

히라타 하야토

타카세 하치에몬 토노

색 인

권정(權靜)

1971년 서울 생
서울 영파여고, 이화여자대학교, 동경대학교
현) 배재대학교 교수

「古地図에 나타나는 日本과 韓国의 世界観」, 「古代日本과 韓国에 있어서의 古代文字世界의 形成」, 「古代韓国과 日本의 用字法의 研究」, 「韓日古地図에 나타나는 世界観」, 「天下図」에 나타나는 世界観」, 「고대일본과 한국의 자국의식의 비교－철도와 비문을 통해서」, 「신라의 천하로서의 우산국」, 「三国에 있어서의 国王 · 皇帝 · 天皇表記비교」, 「한일건국신화의 허구와 사실」, 「동해의 무구루세미와 부룬세미」, 「고지도에 나타나는 조선 초의 자국인식」, 「죽도도해유래기발서공의 상납」, 「안용복에 관한 한・일의 인식」, 「古事記 속의 스사노오」, 「독도에 관한 일본 고문서 연구」

『古事記와 日本書紀』, 『獨島와 竹島』, 『古事記』(상・중・하), 『御用人日記』, 『일본은 독도를 이렇게 말한다』, 『內藤正中의 獨島論理』, 『竹嶋紀事』(1-2), 『安龍福과 元祿覺書』

메일 shirijung@hanmail.net

오오니시 토시테루(大西俊輝)

1946年 島根縣隱岐郡西鄕町(現 隱岐의 島町) 生
島根縣立隱岐高等學校, 大阪大學醫學部, 腦神經外科專門醫, 醫學博士
大阪國學院 通信敎育部 卒業, 神職資格(權正階),
大阪市立大學大學院大學 都市情報部 卒業
現) (醫)厚生醫學會理事長
(社福) 厚生博愛會理事長
隱岐國 原田向山 大山神社 宮司

『레이저 醫學의 臨床』, 『Illustrated Laser Surgery』, 『山陰沖의 古代史』, 『山陰沖의 幕末維新 動亂』, 『人肉食의 精神史』, 『柿本人麻呂와 아들 躬都郞』, 『隱岐는 繪島, 歌島』, 『日本海와 竹島』, 『心의 誕生』, 『水若酢神社』, 『續日本海와 竹島』, 『隱州視聽合紀』, 『元祿覺書』, 『竹島文談』, 『竹島渡海由來記拔書控』, 『竹嶋紀事』卷一, 『安龍福과 元祿覺書』

竹島紀事

죽도기사 2-2

초판인쇄 | 2012년 1월 10일
초판발행 | 2012년 1월 10일

편 역 주 | 권정 · 오오니시 토시테루
펴 낸 이 | 채종준
펴 낸 곳 | 한국학술정보(주)

주 소 | 경기도 파주시 문발동 파주출판문화정보산업단지 513-5
전 화 | 031) 908-3181(대표)
팩 스 | 031) 908-3189
홈페이지 | http://ebook.kstudy.com
E-mail | 출판사업부 publish@kstudy.com

등 록 | 제일산-115호(2000. 6. 19)

ISBN 978-89-268-2997-4 94380 (Paper Book)
978-89-268-2998-1 98380 (e-Book)
978-89-268-2138-1 94380 (Paper Book Set)
978-89-268-2139-8 98380 (e-Book Set)